绿　茶

（修订典藏版）

林婧琪 / 编著

辽宁美术出版社

图书在版编目（CIP）数据

绿茶：修订典藏版 / 林婧琪编著. — 沈阳：辽宁美术出版社，2020.11

（世界高端文化珍藏图鉴大系）

ISBN 978-7-5314-8576-6

Ⅰ. ①绿… Ⅱ. ①林… Ⅲ. ①绿茶－茶文化－中国－图集 Ⅳ. ①TS971.21-64

中国版本图书馆CIP数据核字（2019）第271366号

出 版 者：辽宁美术出版社

地　　　址：沈阳市和平区民族北街29号　邮编：110001

发 行 者：辽宁美术出版社

印 刷 者：北京市松源印刷有限公司

开　　　本：787mm×1092mm　1/16

印　　　张：16

字　　　数：250千字

出版时间：2020年11月第1版

印刷时间：2020年11月第1次印刷

责任编辑：彭伟哲

封面设计：胡　艺

版式设计：文贤阁

责任校对：郝　刚

书　　　号：ISBN 978-7-5314-8576-6

定　　　价：98.00元

邮购部电话：024-83833008

E-mail:lnmscbs@163.com

http://www.lnmscbs.cn

图书如有印装质量问题请与出版部联系调换

出版部电话：024-23835227

前 言
PREFACE

我国是茶的故乡，是最早发现并利用茶的国家，茶文化有着非常深厚的根基。在我国丰富的茶品类中，绿茶独树一帜，有着"茶君子"的美誉。它历史悠久，自人类饮茶伊始，便有了它的身影。绿茶的人工种植历史可追溯到汉代。人工掌握绿茶的栽培技术之后，绿茶便开始在整个华夏大地风靡开来。

绿茶在茶品中有着崇高的地位，在历史上所谓的十大名茶中，绿茶占了大多数。另外，还有一点十分重要，那就是现代科学研究表明，绿茶还是一种天然健康的饮品，富含人体所需的多种维生素、氨基酸以及矿物质。它所含的茶多酚对多种现代疾病有极好的防治功效。

茶是性灵之物，天地精华之晶，想象一下：幽谷，山雾，清泉，鲜叶，绿油油的茶园，还有那采茶的美丽姑娘，构成了一幅天然美丽的画卷。茶树的鲜叶采摘之后，历经晾晒、杀青、理条、搓条、拣剔、提毫、烘焙等工序始能制成绿茶。烘焙之后，一遇到生命之水，绿茶便立即舒展开来，变得光鲜润泽，香气四溢，沁人心脾。

绿茶曾被列为皇家的贡物，供皇亲国戚享用，使其身价倍增。随着社会的发展，历史的变迁，这些名优茶品逐渐走入寻常百姓家，深受普通人的喜爱。围绕茶中珍品，与之相关的工艺、技能及其他附属之物也得到逐步发展，渐渐形成了一种特有的茶文化，即茶道。所以，不应该把绿茶理解为仅仅是一种有益于人体健康的天然饮品，更要视之为一种文化载体，一种关于茶道的文化载体。如今，茶道已经发展成为一门以

P 前言
REFACE

茶修身的生活艺术。且已经传入西方，辐射开来，影响日益增大。

若想更好地享用绿茶，我们就需要对其多加了解。本书从绿茶的基础知识展开，介绍绿茶的起源、命名、分类、产地、功效，以及它的制作工艺、品鉴、泡饮、审评、选购、储藏等。本书将重点突出品鉴，对多种名优绿茶进行了详细的介绍。

通常情况下，茶品的价值是"以鲜为贵"，绿茶更是如此。陈茶的形、色、香、味远远不如新茶，而且绿茶保鲜难度很大，即使采用现代科学方法储藏，陈茶的味道也较新茶差。

认识绿茶，品饮绿茶，会使我们更懂得品饮之道，更钟爱这种与众不同的天然饮品。本书文字简洁，并配以精美的插图，图文相得益彰，使文章内容读来更清晰，更能加深读者的感官印象。当您捧读本书时，相信您的面前已冲泡好一盏清香郁茗的绿茶，就让它陪着您去品鉴绿茶的神韵吧。

CONTENTS
目 录

 悠悠茶香——绿茶概述

第⼆章 破茧成蝶——制作工艺

 寻茶问道——名茶品鉴

第四章 细品慢啜——绿茶冲泡

第五章 香茗赏析——茶品审评

第六章 精挑细选——优茶选购和储藏

>> 悠悠茶香

——绿茶概述

　　我国是茶的故乡，是最早发现和利用茶的国家。据《茶经》载，"茶之为饮，发乎神农氏，闻于鲁周公"。历经几千年的发展，茶树栽培和利用已经有了巨大的发展。绿茶是茶的重要品类之一，其品种最多，其产量列诸茶之首，同时也出现得最早。经历了几千年的演变发展，绿茶从最初的生煮羹饮到现代千姿百态的名优品种，其间凝结了历代茶人不断创新的心血和智慧。

绿茶

绿茶

一、绿茶的源流

　　绿茶属于不发酵茶，因制作时不经过发酵，而且干叶、汤色和叶底均为绿色，故而得名。绿茶经历了几千年的发展，其发展历程大致分为生煮羹饮、烧烤后煮饮、晒干收藏、原始晒青、原始炒青、蒸青（蒸青粗茶、蒸青末茶、蒸青散茶、蒸青饼茶）、炒青和烘青散茶、掺香绿茶等。

生煮羹饮

"茶之为饮，发乎神农氏"，说的是神农氏为了寻找能够医治伤痛的药和能够食用的食物，嚼食各种植物叶片时发现了茶的故事。这个故事说明人类对茶的利用是从咀嚼茶树的叶子开始的，在此基础上，食用方法逐渐由咀嚼发展到生煮羹饮。

晋代郭璞《尔雅注》记载："树小似栀子，冬生叶可煮作羹饮。今呼早采者为茶，晚取者为茗。"一直到唐代，生煮羹饮的习俗还保留着。

神农

煮饮

烧烤后煮饮

　　生煮羹饮是直接食用没有经过加工的鲜茶叶,这是一种较为原始的利用方法。在生煮羹饮的基础上进一步发展,便到了烧烤后煮饮。想象一下,当时人们将采集到的茶树梢先放到火上炙烤,然后放入水中煮。这样煮出的茶汤可供人们消暑解渴。这种使用鲜茶的方法可能就是最原始的绿茶加工了。

鲜茶

  烧烤后煮饮是将烧烤茶叶直接煮饮，这相当于通过高温杀青，保持清汤绿叶的特征，所以说，"烧烤后煮饮"相当于现代茶叶加工技术中的杀青工序，只不过缺少制成干茶等后续工序。

  在我国云南西双版纳的傣族、佤族等少数民族聚居地，还一直沿用着这种烧烤后煮饮的方法。

晒干收藏

　　烧烤后煮饮属于现场直接利用的方式。绿茶在烧烤后煮饮进一步发展，便成为晒干收藏。晒干收藏的主要目的之一是以备后用。因为不少植物的可利用部分要受到季节性限制。就绿茶来说，新梢芽叶只有在春、夏、秋三季才能采到，为了在冬季也能喝到茶，就只有把采摘的茶叶晒干加工成为"干茶"才可以。此外，为了摆脱地域性限制，将茶叶带到较远的非产茶地去，也需要制成干茶。因此，茶叶的最初加工方式就是晒干收藏。绿茶的晒干收藏就是将采集的新鲜茶枝叶利用阳光直接晒干或烧烤后再晒干，然后再收藏起来。

茶芽

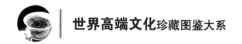

　　"甑"是我国古代的蒸食用具，很久以前我们的祖先就利用这种用具来蒸茶，这个做法就是原始的"蒸青"。

　　隋唐时期，出现了比较精细加工的蒸青饼茶。这种饼茶是在原始散茶和原始饼茶的基础上制作出来的。陆羽在《茶经》中记载了蒸青饼茶的制作方法，即"晴采之，蒸之，捣之，拍之，焙之，穿之，封之，茶之干矣"。唐代这种蒸青饼茶的制造，大体上可以分为采茶、蒸茶、捣茶、拍茶、焙茶、串扎、包封等步骤。

甑

《茶经》

蒸青饼茶是唐代一种很重要的贡茶，采制贡茶时，工匠、役工人数颇多，规模宏大。

团饼茶是宋代的贡茶，其做工精细，茶饼表面有龙凤饰面。福建建州（现建瓯市）生产的"龙团凤饼"最为出名，宋徽宗赵佶在《大观茶论》中写道："本朝之兴，岁修建溪之贡，龙团凤饼，名冠天下。"

在蒸青饼茶的制作工艺方面，宋代要比唐代更为精细，宋代赵汝砺在《北苑别录》中介绍了宋代建州贡饼茶的制造步骤，大致工序有：采茶、拣茶、蒸茶、漂茶、榨茶、研（磨）茶、造茶（压模）、焙茶、过汤出色九个步骤。宋代称饼茶的烹饮为"点茶"，过程大致有烤茶、碾茶、筛茶、煮水、点茶。

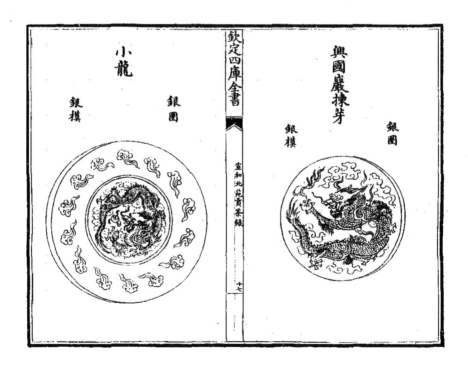

龙团凤饼

点茶

炒青、烘青散茶

　　虽然原始炒青的历史比较久远，但直到唐代以后精细加工的炒青绿茶才真正出现。关于炒青绿茶最早的文字记载来源于唐代诗人刘禹锡的《西山兰若试茶歌》。刘禹锡在《西山兰若试茶歌》中写道："斯须炒成满室香""自摘至煎俄顷余"，从中可以看出采下的嫩芽叶经过炒制，满室生香，而且炒制花费时间不长。因此，可以说炒青绿茶自唐代已始而有之。

　　宋代时期，皇家贡茶虽然崇尚"龙团凤饼"，但民间生产饮用的散茶也很多，当时称这种散茶为"草茶"，江南一带尤为盛行饮用这种散茶。到了明代，散茶的饮用更为盛行，从此散叶茶和炒青制法日趋发展完善，明代不少茶书对此都有很详细的记载。

"一铛之内，仅容四两。先用文火炒软，次加武火催之。手加木指，急急钞转，以半熟为度。微俟香发，是其候矣。急用小扇钞置被笼，纯绵大纸衬底燥焙积多，候冷，入罐收藏。" 这是明代许次纾在其所著的《茶疏》中对烘青绿茶制法的记载。

　　"炒茶，铛宜热；焙，铛宜温。凡炒止可一握，候铛微炙手，置茶铛中札札有声，急手炒匀。出之箕上，薄摊用扇扇冷，略加揉□，再略炒，入文火铛焙干，色如翡翠。" 这是明代罗廪在《茶解》中"制"一节记述的小平锅炒制法。

宋茶图

炒青

　　"新采，拣去老叶及枝梗碎屑。锅广二尺四寸，将茶一斤半焙之，候锅极热，始下茶急炒，火不可缓。待熟方退火，撒入筛中，轻团那数遍，复下锅中，渐渐减焙干为度。"这是明代张源在《茶录》"造茶""辨茶"中对炒青绿茶制法的记载。

　　明代时，炒青绿茶开始盛行，各地炒青绿茶名品不断涌现。徽州的松萝茶、杭州的龙井茶、歙县的大方、嵊州的珠茶、六安的瓜片等都是当时著名的炒青绿茶名品。

龙井

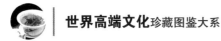

掺香茶、花茶

　　添加香料的茶在唐宋时就有了，方法是制造饼茶时，在捣碎的茶叶中加入龙脑、麝香等香料，然后压制成饼茶。

　　"茶有真香，而入贡者微以龙脑和膏，欲助其香。"这是宋代蔡襄在《茶录》中提到的在茶中加香料。就是在这种做法的基础上演变产生了茉莉花茶和其他多种花茶。南宋施岳在《步月·茉莉》词中已有茉莉花焙茶的记述，该词原注："茉莉岭表所产……此花四月开，直至桂花时尚有玩芳味，古人用此花焙茶。"

干橙皮丝

玫瑰花茶

花茶

现代窨制花茶的香花除了上述花种以外，还有玳玳、桂花、白兰、珠兰等。时至今日，以绿茶为素胚窨制而成的茉莉花茶、珠兰花茶、桂花茶、玫瑰花茶等，仍受到人们的喜爱。例如花茶在华北、山东、四川一带，就广受人们的欢迎和青睐。

二、绿茶的命名

　　绿茶是茶叶中品种最为繁多的一类，其命名法也较为多样，常见的有三种命名方式：

　　第一，根据形状命名。这类命名方式下的绿茶品种最为繁多，如形状像珍珠的"平水珠茶"、形状像眉毛的"南山寿眉"、形状像笋壳的"顾渚紫笋"、形状像瓜子的"六安瓜片"、形状像雀舌的"杭州雀舌"、形状像直针的"安化松针"、形状像螺壳的"碧螺春"、形状像蟠龙的"临海蟠毫"、形状像龙虾的"大庸龙虾茶"、形状像利剑的"宜昌剑毫"、形状像竹叶的"峨眉竹叶青"、形状像花朵的"黄山绿牡丹"等。

雀舌茶

西湖龙井

　　第二，根据产地命名。这一命名方式下的绿茶品种也有很多。如产自浙江杭州的"西湖龙井"、产自江西庐山的"庐山云雾"、产自井冈山的"井冈翠绿"、产自山东日照的"日照雪青"、产自普陀山的"普陀佛茶"、产自安徽黄山的"黄山毛峰"等。

第三，根据茶叶的香气、滋味特点命名。这类命名
方式下的绿茶品种不如前两种多，代表品种有四川的"蒙
顶甘露"、安徽的"舒城兰花"、湖南的"江华苦茶"等。

舒城兰花

三、绿茶的分类

绿茶品种繁多，通常有下列三种分类形式。

（一）制造工艺

根据制造工艺分类，可分为炒青绿茶、烘青绿茶、晒青绿茶、蒸青绿茶。这种分类方式最为常见。

炒青绿茶

炒青绿茶是用炒干方式干燥的绿茶。根据在干燥过程中受到外力作用方式的不同，成茶形成了长条形、圆珠形、扇平形、针形、螺形等不同的形状，因此又分为长炒青、圆炒青、扁炒青等。

炒青绿茶

炒青绿茶

　　精制后的长炒青又称眉茶，成品的花色很多，各有其名，如珍眉、贡熙、雨茶、针眉、秀眉等，各具不同的品质特征。如珍眉形如仕女的秀眉，条索挺直细紧，香气高鲜，滋味浓爽，色泽绿润起霜，汤色、叶底绿微黄且明亮；贡熙是长炒青精制后的圆形茶，其外形颗粒与珠茶相仿，圆结匀整，没有碎茶，香气醇正，色泽匀绿，汤色黄绿，叶底尚嫩匀；雨茶是由珠茶分离出来的长形茶。雨茶大部分从眉茶中获取，外形条索细短、尚紧，色泽绿匀，香气醇正，滋味尚浓，汤色黄绿，叶底尚嫩匀。

圆炒青又称珠茶，其外形颗粒圆紧，依据产地和采制方法的差别，可将其分为平炒青、泉岗辉白和涌溪火青等。平炒青来自浙江嵊州、新昌、上虞等地。历史上，毛茶集中于绍兴平水镇精制和集散，再加上成品茶外形细圆紧结，和珍珠相像，因此又称平水珠茶或称平绿，而其毛茶则称为平炒青。

扁炒青，依据产地和采制方法的差别，将其分为龙井、旗枪、大方三种。龙井又称西湖龙井，产自杭州市西湖区。鲜叶采摘细嫩，要求芽叶均匀成朵，高级龙井做工特别精细，具有"色绿、香郁、味甘、形美"的品质特征。旗枪产自杭州龙井茶区四周及毗邻的余杭、富阳等地。大方产自安徽省歙县和浙江临安、淳安毗邻地区，其中最有名气的是歙县老竹大方。

西湖龙井

碧螺春

　　依据制茶方法的不同，炒青绿茶中又有被称为特种炒青绿茶的。这种炒青绿茶，为了保持叶形完整，最后工序常进行烘干。其茶品有南京雨花茶、汉家刘氏茶、金奖惠明、高桥银峰、洞庭碧螺春、峨眉春语、安化松针、古丈毛尖、江华毛尖、剑叶、韶山韶峰、大庸毛尖、信阳毛尖、桂平西山茶、庐山云雾等。其中非常值得一提的是，洞庭碧螺春产自江苏太湖的洞庭山，其中品质最佳的是碧螺峰。其外形条索纤细、匀整，卷曲似螺，白毫显露，色泽银绿隐翠光润；内质清香持久，汤色嫩绿清澈，滋味清鲜回甜，叶底幼嫩柔匀明亮。金奖惠明产自于浙江云和县。其名称的由来是它曾于1915年巴拿马万国博览会上获金质奖章，外形条索细紧匀整，苗秀被毫，色泽绿润；内质香亮而持久，汤色清澈明亮，滋味甘醇爽口，叶底嫩绿明亮。

烘青绿茶

烘青绿茶是用烘笼进行烘干的绿茶。烘青毛茶经再加工精制后大部分做熏制花茶的茶胚。烘青绿茶外形不如炒青绿茶光滑紧结，香气一般也不及炒青绿茶高。根据外形可将其分为条形茶、尖形茶、片形茶、针形茶等。条形烘青在主要产茶区都有产出，而尖形、片形烘青主要产于安徽、浙江等省。

烘青绿茶

烘青绿茶

　　根据原料老嫩程度和制作工艺的不同，烘青绿
茶又可以分为普通烘青、细嫩烘青以及后来出现的
半炒半烘类型绿茶。

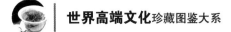

晒青绿茶

晒青绿茶是新鲜茶叶经过杀青、揉捻后，通过日光晒干制成的绿茶，主要分布在湖南、湖北、广东等省；广西、四川、云南、贵州等省区也有少量生产。晒青绿茶中，云南大叶种的品质最好，称为"滇青"。另外，川青、黔青、桂青、鄂青等品质也各有其特点，但均不如滇青。

晒青绿茶

蒸青绿茶

蒸青绿茶

蒸青绿茶是先用蒸汽将鲜叶杀青、蒸软，后经揉捻、干燥而成的绿茶，它是我国最古老的绿茶品类。唐朝时传至日本，自明代起即改为锅炒杀青。蒸青是利用蒸汽的热量破坏鲜叶中酶的活性，形成干茶色泽深绿、茶汤浅绿和茶底青绿的"三绿"的品质特征。蒸青绿茶香气较闷且带青气，有较重的涩味，缺乏锅炒杀青绿茶的鲜爽。蒸青绿茶主要品种有产于湖北的恩施玉露和产于浙江、福建、安徽三省的中国煎茶。此外，还有产自江苏宜兴的阳羡茶，产自湖北武当的仙人掌茶等也属蒸青绿茶。

（二）采制季节

根据采制季节分类，可分为春茶、夏茶、秋茶、冬茶。

每年3月下旬到5月中旬之间采制的茶叶为春茶，春季温度适宜，雨量供应及时，茶树经过冬季的生长期后，嫩芽肥硕，叶片柔软，色泽翠绿，维生素含量高；夏茶指每年5月初到7月初采制的茶叶，这个时期温度偏高，茶树的芽叶生长旺盛，茶汤能浸出的茶叶氨基酸等成分变少，因此没有春茶浓烈的滋味；秋茶指每年8月中旬以后采制的茶叶，秋茶一般叶底较脆，叶色偏黄，滋味平和均匀，香气也比较平和均匀；冬茶指每年10月下旬后采制的茶叶，这个时期冬茶的芽叶生长相对缓慢，但内含的物质却很饱满，因此滋味往往醇厚，香气也较为浓烈。

蒸青绿茶

蒸青绿茶

（三）茶树生长环境

根据茶树的生长环境分类，可分为平地绿茶与高山绿茶。

平地绿茶的原料来自生长在海拔较低的平原地区的茶树，这类茶树一般芽叶小，叶底坚薄，叶面平展，色泽黄绿。平地绿茶的茶叶条索细轻，有较淡的香气和滋味。高山绿茶的原料来自生长在海拔较高的高山或高原地区的茶树。由于高原气候很适合茶树的生长，因此高山绿茶通常芽叶肥硕，色泽翠绿，多茸毛，加工后条索变得紧肥，且有着很浓郁的香气。

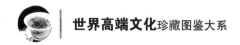

四、绿茶的产区

　　绿茶品种繁多，在我国有着极广的分布，东至台湾东部的台东、花莲，西到西藏南部察隅河谷，北至辽东半岛、山东烟台，南达海南岛，均有产出，包括福建、浙江、台湾、安徽、四川等 20 个省（区、市），大致可分为江南茶区、华南茶区、西南茶区、江北茶区 4 个茶区。

茶园

江南茶区

江南茶区

江南茶区主要包括广东北部、广西北部、福建中北部、浙江、湖南、江西、湖北南部、安徽南部以及江苏南部。整体来看，这一区域气温适宜，年平均温度在15℃~18℃，年降水量在1400~1600毫米。冬季这一区域会受到北方冷气团的侵袭，温度往往要降至0℃以下，不适宜栽种大叶种茶树，但适合栽种中型圆叶种及小叶种茶树，尤其适合种绿茶。

华南茶区

华南茶区主要位于大樟溪、雁石溪、梅江、连江、浔江、红水河、南盘江、无量山、保山、盈江以南，包括福建南部、台湾、广东中南部、海南、广西南部、云南南部等地区。这个茶区温度高、湿度大，夏季时间长，冬季暖和，年平均气温在18℃~22℃，年降水量多在1500~2000毫米，全年采茶期较长，可以达到9个月，产出多个绿茶品种，而且品质优良。

华南茶区

西南茶区

西南茶区

西南茶区主要位于米仓山、大巴山以南，南盘江、盈江、红水河以北，神农架、巫山、方斗山、武陵山以西，大渡河以东，包括重庆、四川、贵州、云南中北部和西藏东南部地区。这个茶区以区域地形复杂出名，区域内各茶区茶种类不同。四川东南部与云南西南部温度较高，除了这两个地区，其他地区都适合茶树栽培。四川盆地和云贵高原气候温和，无强风烈日，夏天凉爽冬季温暖，年平均气温在15℃~19℃，年降水量在1000~1700毫米，土层深厚，排水良好，沿河密布高大的野生茶树，已被公认为世界茶树的原产地。

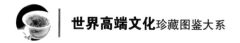

江北茶区

江北茶区区域较广，南起长江，北至秦岭、淮河，西起大巴山，东至山东半岛，主要包括甘肃南部、陕西南部、河南南部、湖北北部、安徽北部、江苏北部、山东东南部等地区。江北茶区地形复杂，气温在12℃~15℃，冬季寒冷，夏季炎热，温差大，年降水量常在1000毫米以下。土壤多为黄棕土，不少茶区酸碱度略偏高，主要种植耐寒、抗旱的小叶种茶树。

江北茶区

绿茶

五、绿茶的功效

绿茶在我国有"国饮"之称，它有得天独厚的功效和作用，对人体的健康非常有好处。现代科学大量研究证实，茶叶具有药理作用的主要成分是茶多酚、咖啡因、脂多糖、茶氨酸等。绿茶主要有下列功效和作用：

绿茶

延缓衰老

　　绿茶的主要功效之一是有助于延缓衰老。茶多酚具有很强的抗氧化性和生理活性，是人体自由基的清除剂。研究证实：1 毫克茶多酚对人机体内有害的过量自由基的清除效能等同于 9 微克超氧化物歧化酶，远高于其他同类物质。茶多酚有阻断脂质过氧化反应、清除活性酶的作用。相关研究证实，茶多酚的抗衰老效果要比维生素 E 强 18 倍，可谓抗衰老效果强大。

抑制疾病

心血管疾病常危害人体健康，而绿茶却有助于抑制心血管类疾病。茶叶中的茶多酚对人体脂肪代谢有着有益的作用。人体的胆固醇、三酸甘油酯等含量如果过高，血管内壁脂肪沉积，血管平滑肌细胞增生，就会形成动脉粥样硬化斑块等心血管疾病。茶多酚中的儿茶素 ECG 和 EGC 及其氧化产物茶黄素等可以有效地使这种斑状增生受到抑制，使形成血凝黏度增强的纤维蛋白原降低，凝血变清，从而一定程度上使动脉粥样硬化得到抑制。

绿茶

辅助治疗癌症

　　癌症是人体健康的大敌，绿茶有助于预防并辅助治疗这号健康大敌。茶多酚可以阻断亚硝酸铵等多种致癌物质在体内的合成，更为重要的是还能够直接杀伤癌细胞和提高机体免疫能力。多项科学研究表明，茶叶中的茶多酚对肠癌、胃癌等多种癌症的预防和治疗均有一定程度的帮助。

绿茶

绿茶

有助于防辐射

绿茶对预防和治疗辐射伤害也有一定的作用，茶多酚及其氧化产物具有吸收放射性物质锶 90 和钴 60 毒害的能力。据相关的科学试验证实，用茶叶提取物对肿瘤患者在放射治疗过程中引起的轻度放射病进行治疗，其有效率可达 90％以上；对血细胞减少症，茶叶提取物的治疗有效率也很高，可达 81.7％；对因放射辐射而引起的白细胞减少症，治疗效果更令人满意。

绿茶

抗病毒

绿茶对抑制和抵抗病毒也有一定的作用。茶中的茶多酚有较强的收敛作用，对病原菌、病毒的抑制和杀灭作用十分明显，对消炎止泻有明显效果。我国有很多医疗单位应用茶叶制剂治疗急性和慢性痢疾、阿米巴痢疾、流感等疾病，治愈率高达 90％ 左右。

美容护肤

绿茶还对美容护肤有一定的助益。茶多酚是水溶性物质，用它洗脸能清除面部的油腻，收敛毛孔，消毒、灭菌、抗皮肤老化，降低日光中的紫外线辐射对皮肤的损伤等，功效明显。

醒脑提神

醒脑提神也是绿茶多项功效之一。茶叶中的咖啡因能促使人体中枢神经兴奋，增强大脑皮层的兴奋度，从而达到提神益思、清心的效果。在缓解偏头痛方面也具有一定的功效。

绿茶

利尿解乏

　　绿茶还有助于利尿解乏。它含有的咖啡因可刺激肾脏，促使尿液迅速排出体外，同时提高肾脏的滤出率，减少肾脏中有害物质的滞留时间。另外，咖啡因还可排除尿液中的过量乳酸，缩短人体消除疲劳的时间。

　　绿茶中的维生素 C 和强效抗氧化剂不但可以清除体内的自由基，还能分泌出对抗紧张压力的荷尔蒙。这也有助于人体尽快消除疲劳。

绿茶

绿茶

护齿明目

　　绿茶对牙齿和眼睛也有一定的好处，有护齿明目的功效。茶叶中含氟量较高，每100克干茶中含氟量为10~15毫克，且80％为水溶性成分。如果每人每天饮茶叶10克，则可吸收水溶性氟1~1.5毫克。另外，茶叶属于碱性饮料，有助于抑制人体钙质的减少，这对预防龋齿、护齿、坚齿都有一定的作用。在小学生中进行"饭后茶疗漱口"试验，龋齿率降低了80％。在白内障患者中有饮茶习惯的占28.6％；无饮茶习惯的则占71.4％。其原因就是茶叶中的维生素C等成分能降低眼睛晶体浑浊度，因此经常饮茶对减少眼疾、护眼明目均有积极的作用。

降脂助消化

　　绿茶的另一功效是降脂助消化。唐代《本草拾遗》中对茶的功效有"久食令人瘦"的记载，我国边疆少数民族有"不可一日无茶"之说。这是因为茶叶有助消化和降低脂肪的功效。更确切地说，这是由于茶叶中的咖啡因能提高胃液的分泌量，从而促进消化。

绿茶

第二章

>> 破茧成蝶

——制作工艺

锅炒杀青

　　绿茶的制作工艺可以简单地分为杀青、揉捻和干燥三个步骤。新鲜茶叶从茶树上被采茶者采摘下来后送入制茶车间，接下来就要进行人工加工了，也就是要进行杀青、揉捻和干燥三个环节的加工。

　　在这三个步骤之中，最关键的工序是杀青。新鲜茶叶经过这道工序后，酶的活性得到钝化，这样就使得茶叶中的其他化学成分在不受酶影响的条件下受热，通过物理和化学变化，最终形成绿茶的各项品质特征。

一、杀青

　　杀青是决定绿茶品质最关键的程序。杀青通过高温加热，破坏新鲜茶叶中多酚氧化酶等各种酶的活性，制止其氧化，避免鲜叶变红，同时蒸发叶内的部分水分，使叶片变软，为下一步的揉捻造型创造条件。随着叶内水分的蒸发，新鲜茶叶中具有青草气的那些成分也会挥发，从而使茶叶形成其特有的香气。

通常情况下，杀青过程由专门的设备，也就是杀青机来完成。温度、投叶量、杀青机种类、杀青时间、杀青方式等都会影响杀青的质量。这些因素相互制约，相互影响，综合影响绿茶的品质。

二、揉捻

揉捻是绿茶塑造外形的一道工序。是通过外力，使杀青后的叶片变得更加柔软，缩小体积，便于成型的一个过程。这个过程中，会使一部分含有茶香的水分附着在叶片表面，从而提高茶的香浓度。

茶叶揉捻

茶叶揉捻

揉捻工序有冷揉和热揉之分。冷揉是指待杀青后的茶叶稍微冷却再进行揉捻；热揉是指对杀青后的茶叶直接趁热进行揉捻。通常情况下，冷揉适用于鲜嫩的茶叶，这样便于保持黄绿明亮的汤色；热揉适用于较老的叶片，这样可使条索紧结，碎末减少。

就国内现状来看，除了一些特优品种还保持手工揉捻的工序外，大多数绿茶的揉捻都是通过机械操作进行的。

三、干燥

干燥的目的主要是使茶叶内的水分进一步蒸发，同时进一步对茶叶外形进行塑造，使茶香得到更好的发挥。

干燥方法有烘干、炒干、晒干三种形式。绿茶的干燥工序一般是先进行烘干再进行炒干。这样做是因为经过揉捻后的茶叶仍具有较高的水分，如果直接炒干会凝结成块，所以需要先烘干使含水量降低。

>> 寻茶问道

——名茶品鉴

我国是名副其实的茶叶大国，产茶量居世界之首，其中名优绿茶的产量和品种也是最丰富的，各产茶区都有自己享誉八方的绿茶名优品种。一般来说，茶叶的品种不同，其品质也会有差异，形、色、香、味各具风姿，各有特色。这一章就来介绍这些享誉八方的名优品种。这些优品中有很多属于历史名茶，有着久远的历史，但也有一部分属于近些年创制的新品种，同样深受人们的青睐。

龙井问茶

一、西湖龙井茶

西湖龙井茶位列我国名茶之首，是我国最为有名的绿茶品种，它产于浙江省杭州西湖西南面的俊秀山峰。

西湖龙井茶产地的自然条件非常优越，可谓得天独厚，这里四季分明，气候温和，雨量充沛而均匀，土壤疏松、肥沃湿润、含有较多的磷酸成分，十分有利于茶树的生长发育。有意思的是，在采制春茶时期，西湖往往细雨蒙蒙、云雾缭绕，一幅如烟似雾的江南美景。

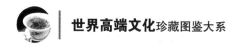

　　按照产地与品质的高低，西湖龙井茶可分为狮、龙、云、虎、梅五个品类，一般认为龙井村狮峰山一带所产的龙井品质最佳，被古时诗人称作"黄金芽""无双品"。

　　龙井茶得名源于一口龙井，龙井本来的名字叫"龙泓"，位置在西湖西面翁家山的西北麓，是一个圆形的泉池，该泉池从不干涸，古人认为此泉一定和大海相通，而且其中有龙，因此称"龙井"。龙井茶的称谓，最早见于元朝虞集《游龙井》诗："徘徊龙井上，云气起晴画。澄公爱客至，取水挹幽窦……"一则传闻说清乾隆帝下江南时，来到狮峰山下胡公庙品饮龙井茶，饮后赞不绝口，高兴之余将庙前十八棵茶树封为"御茶"。

西湖龙井

采摘鲜嫩芽叶

　　西湖龙井的采摘特别讲究，十分精细，按产期先后及芽叶老嫩分为莲心、雀舌、极品、明前、雨前、头春、二春、长大八级，采摘于清明前的"明前龙井"品质最佳，其次是采摘于谷雨前的"雨前龙井"。谷雨之后，春茶的品质就变差了。

西湖龙井品质卓越，与它精湛的加工手法密切相关，炒制工艺分抖、带、挤、挺、扣、抓、压、磨等十大手法。炒制时随鲜叶老嫩和锅中茶坯成熟程度，这些手法还需不时变换，各有各的巧妙，各有各的讲究。

西湖龙井

西湖龙井

真品西湖龙井茶条形整齐，宽度一致，条索扁平，叶细嫩，色泽绿中显黄，手感光滑，与虎跑水堪称"杭州双绝"。用虎跑泉水泡龙井茶，色香味绝佳，泡出的茶汤色泽翠绿，香气馥郁，甘醇爽口，而且还有板栗和兰花的香气。品饮冲泡好的龙井茶，可使人顿觉满口香郁，其味甘鲜和美，沁人心脾，令人回味无穷。

二、径山香茗

径山香茗茶就是径山茶，是因产地而得名的绿茶名品，产地为浙江省余杭区西北境内的天目山东北峰的径山。

径山在天目山东北峰，是天目山的余脉，因径通天目山从而获名径山。这里山峰环列，林木茂盛，溪水潺潺，是产茶佳地。凌霄、堆珠、鹏博、宴座、御爱为径山五大峰，其中以凌霄峰之茶为最佳。

《续余杭县志》记载："产茶之地，有径山四壁坞及里山坞，出者多佳品，凌霄峰者尤不可多得。"

径山

径山茶

根据《余杭县志》的记载，种植径山香茗的开山祖是唐朝天宝年间（公元 742—756 年）在径山寺结庐传法的法钦禅师，其上记载道："开山祖法钦师曾植茶树数株，采以供佛，逾年蔓延山谷，其味鲜芳特异，即今径山茶是也。"可见径山产茶历史久远。

　　宋朝时，径山茶被列为"贡茶"。宋朝的翰林学士叶清臣在其所撰的《文集》中说："钱塘、径山产茶质优异。"相传书法家蔡襄和苏轼兄弟都去径山品尝过新茶：蔡襄游径山时，见泉甘白可爱，曾汲之煮茶；而苏轼曾以《游径山》为题留诗一首。

径山茶

径山茶

　　径山香茗十分讲究采制技术，以谷雨前采制的品质为佳。特级径山香茗是在一芽一叶或一芽二叶初展时采摘，芽长于叶，芽叶新鲜，不带鱼叶、鳞片、茶蒂、单片、紫芽、病叶和虫咬叶。

　　从外形上看，径山香茗细嫩紧结显毫，色泽翠绿，伴有豆香与隐隐花香，滋味甘醇，叶底嫩匀成朵，有"天目龙井"的美誉。

　　径山脚下双溪镇凉亭头有一口陆羽泉，据说是茶圣陆羽取水煮茶、撰写《茶经》之所。用此泉水冲泡径山香茶，更能得其真味。

安吉

三、安吉白茶

安吉白茶也是一种因产地而获名的绿茶名品，产地为浙江省北部的安吉县，之所以名为"白茶"，是因为它由一种特殊的白叶茶品种以绿茶工艺加工制作而成。

安吉山川隽秀，绿水长流，是我国著名的竹之乡。这里空气质量优良，为一级，水体质量亦达到Ⅰ类，土壤肥沃，是茶树生长发育的好地方。

北宋庆历年间（1041—1048年）的《东溪试茶录》记有："白叶茶，民间大重，芽叶如纸，以为茶瑞。"这是我国对白茶的最早记载。

在宋徽宗赵佶看来，白茶是一种变种茶，他在《大观茶论》中写道："白茶自为一种，与常茶不同……"

安吉白茶

　　历史上，白叶茶几乎绝种，直到 20 世纪 80 年代，在安吉县天荒坪镇大溪村海拔 800 余米的桂家场，发现了当世唯一的一蓬树龄逾千年的再生型古白茶树。这株白茶树颜色为灰白色，是一株非常罕见的白叶茶树。

　　更让人感到惊奇的是，随着季节的更迭，其芽叶色泽也会"与时俱进"，清明节前初展的叶芽颜色为灰白色，而谷雨时的叶芽逐渐转绿，直至全绿。安吉白茶的产茶期很短，只有一个月左右，这种茶由此更加珍贵。

安吉白茶

安吉白茶

20 世纪 80 年代初，相关人员进行安吉大溪再生型古白叶茶树的无性繁殖试验，最终成功育成了"白叶 1 号"这一珍稀茶树品种。安吉白茶便是以"白叶 1 号"的春季白化嫩叶为原料，经适度摊放、杀青、摊凉、初烘、复烘制成。

安吉白茶外形匀整舒展，似兰花，毫多肥壮，香气清香醇正，冲泡后汤色杏绿，叶底匀整、软亮，毫香浓显。

四、华顶云雾茶

华顶云雾茶也叫"天台云雾茶"，也是以产地命名的绿茶品种，产地为浙江天台山，其中以天台山最高峰华顶峰产出为最好。

天台山高山峻岭，气温夏凉冬冷，全年平均气温徘徊在 12℃左右，四季浓雾笼罩，茶树喜温喜湿，不适宜在这样的环境下生长发育。但华顶峰的茶园周围生长着高大的树木，形成了一道遮风避雨的绝好屏障。另外，茶农们又在茶园铺草，增加土壤有机质，这样便形成了有利于茶树生长发育的环境，每到春暖花开时节，华顶茶芽葱翠一片。

天台山

华顶云雾茶

在《天台山志》上有"东汉末年葛玄植茶之圃已上华顶"
的记载。隋唐以来，随着佛教天台宗的建立，茶也随之蓬勃发
展起来，并东传日本，华顶云雾茶便是其中的代表。茶圣陆羽
在《茶经》中记载："台州始丰县生赤城者，与歙州（今安徽
歙县）同。"唐代温庭筠在《采茶录》中写道："天台丹丘出
大茗，服之生羽翼。"从这些记载中能够窥测出当时天台出产
的茶叶已十分有名。

华顶云雾茶属于半烘半炒绿茶，系手工操作，采摘时节在
谷雨前后。采摘嫩芽后需经摊放、炒青、扇热摊凉、凉后再装
罐储藏等，工序繁多，工艺精湛。

华顶云雾茶

从外观上看，华顶云雾茶纤细略扁，有翠绿色泽，香气浓郁，品质优良，保持着高山云雾茶的天然特色。冲泡后的华顶云雾茶汤色嫩绿匀亮，叶底明澈，品饮清爽甘醇，齿颊留香。茶叶经久耐泡，三泡之后还有清香，显示出高山云雾茶的优良之处。

五、顾渚紫笋茶

顾渚紫笋茶又称长兴紫笋、湖州紫笋茶，产于浙江省长兴县的顾渚山，因产地而名。因为鲜茶芽叶微紫，背卷似笋壳，"紫笋"之名由此而来。

顾渚山的东面与太湖相连，这里山峰林立，潺潺溪流纵横，太湖水蒸气沿谷底蒸腾而上，山谷中缭绕着重重烟雾，十分适宜茶树的生长发育。自唐以来，即以出产紫笋茶而著名。

顾渚山大唐贡茶院

早在唐代，顾渚紫笋茶就成为著名的贡茶。唐朝的皇帝对顾渚紫笋茶十分青睐，将其选为祭祀宗庙的贡茶。唐代时，进贡的紫笋茶品类为饼茶，用茶树梢头刚刚吐芽的头茬嫩芽精制而成。宋代时，紫笋茶仍是贡茶。进贡之时，仍碾而揉之，做成大小龙团的形状。明代的时候，根据茶芽大小的不同将其分为紫笋、旗芽、雀舌等品类，饼茶、龙团茶改为散茶，并改进了茶味，这样的改革属于我国茶叶生产史上的重大革新。

顾渚紫笋茶

顾渚紫笋茶

明末清初至民国这段时期，顾渚紫笋茶忽然从市面消失，直到 20 世纪 70 年代，才重新出现。

每年清明前至谷雨是顾渚紫笋茶的采摘时间，采摘后经摊青、杀青、理条、摊凉、初烘、复烘等工序制成。

从外观看，顾渚紫笋茶紧结，条索完整，芽叶相抱，叶长而尖，茶芽肥壮带白毫，苏东坡曾言"顾渚茶芽白于齿"。

顾渚紫笋茶

　　顾渚紫笋茶属于半炒半烘型，既有锅炒，又用烘焙，有一种灵秀之美。古诗有云："龙袱包紫笋，银瓶纳金沙。"这里的"金沙"即指金沙泉。金沙泉在顾渚山下，如用金沙水冲泡顾渚紫笋茶，可取得最好的效果；用开水冲泡顾渚紫笋茶汤色泽清澈，香气馥郁，伴有隐隐竹香，茶味鲜醇回甘，给人一种沁人心脾的感觉。

六、普陀佛茶

　　普陀佛茶又名佛顶云雾茶，产于浙江普陀山，因产地而名。之所以又名佛顶云雾茶，是因采制该茶的野生茶树生长于普陀山最高峰——佛顶山。

　　普陀山是我国四大佛教名山之一，位于浙江钱塘江口、舟山群岛东南部海域，景色优美，古人称之为"海天佛国""第一人间清静地"。这里属于亚热带海洋性季风气候，冬暖夏凉，四季湿润，山谷中云雾缭绕，土地肥力强劲，树木生长繁茂，茶树的生长发育十分繁盛。

普陀山

　　普陀山茶产于何时，到目前为止还没有具体的史料证明，但据说唐代山上僧侣聚居时，普陀山茶就已经有了，据此来看，普陀山茶的历史十分悠久。普陀山既然为"佛国"，所产茶叶大抵是由僧侣们用来祭佛敬客，也由此有了"佛茶"的称谓。

普陀山

佛教圣地——普陀山

据说，普陀佛茶与日本茶道有关。在日本，茶道是一种饮茶礼节，最开始的时候在寺院举行，到丰臣秀吉时代，民间才逐渐流行起来。普陀与日本海上交通往来频繁，尤以僧侣之间的交往、交流最为频繁，因此才有了"佛茶"之称是由日本茶道演变而来的说法。普陀佛茶经历了一番兴衰后，在清朝康熙、雍正年间产量较多，但过去普陀山地大都归寺庵所有，普通民众鲜有机会见到。

　　谷雨前后是普陀佛茶采摘的最好时间。谷雨前后，趁天气晴好，拣选一芽二三叶、芽壮叶肥者。采摘后，经杀青、揉捻、炒二青、炒三青、烘干等工序。需要注意的是，炒制的锅子，每炒一次都要洗刷一次，这样做的目的是为了保持茶色青翠。

普陀佛茶

普陀佛茶

　　从外观看，普陀佛茶似圆非圆、似眉非眉，形近
蝌蚪，色泽翠绿披毫，香气馥郁芬芳。普陀山灵佑洞
有一小股山泉，水质清冽，入口丝丝甘甜，该山泉四
季不涸，据传掬水洗眼，可以明目，治疗眼疾，故又
名"神水""圣水"。用这泉"神水"煮普陀佛茶，
茶汤清澈，清香无比，爽口宜人，大有"毛骨生风六月凉"
的清凉感受。

七、庐山云雾茶

庐山云雾茶是我国十大名茶之一，产于江西省九江市境内的庐山，以"味醇、色秀、香馨、液清"的品质在国内外享有盛名。

庐山北面与长江相连，南面与鄱阳湖相接，素有"匡庐奇秀甲天下"之称，是著名避暑胜地。庐山是历史名山，总体特征是外险内秀，地貌多样，内有河流、湖泊、坡地、山峰等。庐山云海景象蔚为壮观，海内外闻名，一年中有雾天数近200天，冬季到来时会形成"雨凇""雾凇"奇观。这些自然条件为庐山云雾茶独特品质的形成创造了客观条件。

庐山

庐山

　　庐山产茶有着久远的历史，最早可追溯至汉朝。据史籍记载，东汉时佛教传入我国，庐山成为佛教徒聚居之地，当时全山有 300 多座寺院，僧侣云集。僧侣们常常攀危崖，冒飞泉，在林壑深处采茶煮茗。据载东晋时有一名叫慧远的僧人，在山上居住 30 余年，聚集僧徒，讲授佛学，并在山中种茶采茗。

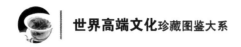

唐代时，庐山茶已经名声在外，陆羽在《茶经》中对此曾有记载。唐代诗人白居易曾住在香炉峰，挖药种茶，还作诗曰："长松树下小溪头，斑鹿胎巾白布裘；药圃茶园为产业，野麋林鹤是交游。"明代医药学家李时珍《本草纲目》的集解中已出现了"庐山云雾"的名称，由这些记载我们可以算出庐山云雾茶至少已有300多年的历史。

庐山云雾茶

庐山云雾茶

　　受气候因素的影响，庐山云雾茶的采摘一般在谷雨至立夏间进行，只采一芽一叶初展，之后经杀青、抖散、揉捻、炒二青、理条、搓条、拣剔、提毫、烤干等各项复杂工序制成成茶。

　　庐山流泉飞瀑的浸润，云雾的熏陶，造就了庐山云雾茶独特的高山茶的风韵，庐山云雾茶茶芽肥壮，条索纤秀，汤色鲜亮，香气芬芳，经久耐泡，回味甘甜。根据现代医学研究，高山云雾茶有较明显的药用价值。云雾茶的生长环境独特，山高空气稀薄，气压相对较低。在这种环境下生长发育的茶树鲜叶会形成一种芳香油来抑制水分的过快蒸发，而高海拔的地势又能增强叶片对紫外线和红、黄光辐射的吸收，这样又会促进芳香油的聚合。此外，高山云蒸霞蔚，云雾缭绕，阳光通过漫反射后使光合作用得以循序

庐山云雾茶

庐山云雾茶

渐进，使茶叶纤维生长缓慢，叶芽能长期保持幼嫩，鲜叶中的营养得以充分涵养。这些因素造就了高山云雾茶不仅品质佳，而且有着显著的药用效果。

庐山云雾茶不仅味道浓郁清香，而且滋味爽快，泡一杯庐山云雾茶，可见到杯中条条肥嫩的芽叶缓缓舒展，茶汤间绽放出朵朵绿云，叶底似兰花绽放，馨香扑鼻。

八、六安瓜片茶

六安瓜片茶是绿茶中的特种茶，也是我国十大经典绿茶之一，产于安徽省六安、金寨、霍山三市县响洪水库一带，由于金寨、霍山原属六安，茶叶形状酷似葵花子而得名"六安瓜片"。又因金寨齐云山蝙蝠洞所产的瓜片品质最好，故又被称为"齐云瓜片"。

六安瓜片茶

金寨县

金寨县位于大别山北麓，四周高山环抱，云雾缭绕，气候温和，利于植物生长，同样也为茶树的生长发育创造了良好的自然环境。

六安瓜片茶历史悠久，远近闻名，陆羽的《茶经》中即已提及淮南一带山区产茶久负盛名。据南唐时的《中朝故事》记载，当时的人们已注意到瓜片茶的神奇药效。相传，唐朝权臣李德裕叫人烹了一瓯六安茶，和肉食一起封闭存放在罐子，第二天打开一看，肉已化作水了。传闻固然有些夸张，但也从侧面说明了六安瓜片茶具有消食的功效。明代科学家徐光启在其著作《农政全书》中称赞"六安州之片茶，为茶之极品"。清代，六安瓜片茶成为贡茶。

六安瓜片茶

六安瓜片茶

　　谷雨前采制的六安瓜片茶称"提片"，品质最好。六安瓜片茶的采制过程分为采片、攀片、炒片和烘片等工序，在采茶时节，茶农们便废寝忘食，日夜操劳，可谓片片茶叶，点点血汗。从外形上看，六安瓜片茶形状与瓜子相似，单片背卷，质优者色泽宝绿，起雾带白霜、老嫩、色泽一致。冲泡后叶脉汲水舒展，自上而下飘落，片片掩映。汤色浓绿，叶底绿嫩鲜活。饮之可感受到鲜醇回甘，既可以消暑生津止渴，还可起到清心明目、提神消乏、健胃消食的功效。

九、太平猴魁

太平猴魁是尖形烘青绿茶中的极品，主要产于安徽省太平县（现黄山区）新明乡猴坑一带。

猴坑地处黄山区太平湖畔，这里气温适宜，多雾湿润，树木生长繁茂，郁郁葱葱，土壤肥沃，利于茶树的生长发育。猴坑的狮形头、凤凰尖、南山顶等山峰是猴魁的主要产地，这些山峰海拔900米以上，阳光直射时间短，昼夜温差大，这些自然因素使得其所产猴魁茶色、香、味、形均与众不同，具有"刀枪云集，龙飞凤舞"的特色。猴坑一带所产的尖茶，外形魁伟，品质最佳，因而称为"魁尖"。

太平猴魁

太平猴魁

猴坑一带兰花繁盛，这对猴魁形成其独特品质有决定性作用。有研究显示，在兰花茂盛的高山区所产的春茶，兰花香气十分浓郁，这显然是因长时间受兰花熏染的结果。

20世纪初，南京销售尖茶的茶叶店来猴坑订货，委托当地茶农王魁成选取少量极品鲜叶精细加工，然后再放在锡罐里运往南京高价出售。因其品质超过魁尖，将其称为"猴魁"。"猴魁"名称别致，品种优良，受到人们的好评，茶商纷纷订货，品质日臻完善。

　　"猴魁"采摘非常讲究，其要求在我国名茶中亦属魁首，采摘要求严格执行"四拣八不要"的原则，"四拣"即拣山、拣丛、拣枝、拣尖；"八不要"即叶芽过大、过小、瘦弱、弯曲、色淡、紫芽、对夹叶、病虫叶不要，而且还要求采摘必须在清晨雾气未散中进行，雾退即结束采摘，一般只能采至上午 10 点。

太平猴魁

太平猴魁

　　同采摘一样，猴魁的制作工艺也要求严格，炒制过程要求环环相扣，趁热装桶，茶冷封盖。因而产出的太平猴魁茶每一朵都是两叶抱一芽，芽藏而不露，有"两刀夹一枪"之说。从外形上看，太平猴魁成茶两叶抱一芽，扁平挺直，自然秀挺，匀称整齐，厚实沉重。入杯冲泡，芽叶缓缓舒张，朵朵飘散，叶底匀净透亮，香气高爽持久，一般都有明显的兰花馨香，滋味醇厚，饮用后觉有一种太和之气。

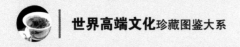

十、黄山毛峰

黄山毛峰亦属我国历史名茶，其历史可追溯到清代。由于茶叶白毫披身，芽尖锋芒显著，且鲜叶采自黄山高峰，故得名"黄山毛峰"。

黄山是我国历史名山，海拔 1000 米以上的高峰有 300 多座，巍峨雄奇的山峰、苍劲多姿的青松、清澈奔腾的山泉、波涛起伏的云海，被称为"黄山四绝"。其"晴时早晚遍地雾，阴雨成天满山云"远近闻名，山区常常云雾缥缈，景区林木茂盛，温暖湿润，年平均气温为 28℃，为黄山毛峰的生长提供了优越的自然条件。

黄山

黄山毛峰茶

黄山毛峰茶初产于清代光绪年间，至宋代时，黄山茶叶开始扬名。

黄山毛峰茶采摘十分讲究，上品黄山毛峰茶一般在清明前后开始采摘，采摘者只采鲜嫩的芽头。采回后为了保质保鲜，要求上午采摘，下午制作；下午采摘，当夜制作。黄山毛峰成茶外形如雀舌，匀齐壮实，芽毫凸显，尤其是特级黄山毛峰茶，更以"色如象牙，鱼叶金黄"而著称。

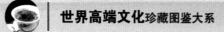

黄山上不仅出产的名茶远近闻名，而且遍生名泉。《图经》中说："黄山旧名黟山，东峰下有朱砂汤泉可点茗，泉色微红，此自然之丹液也。"名山、名茶、名泉相得益彰。

黄山毛峰茶用黄山泉水冲泡，经过茶汤一夜的浸泡，茶杯上也不会留下茶痕。

从外观上看，优质黄山毛峰茶形似凤羽，条索扁细，白毫显露，色似象牙，芽叶成朵，厚实鲜艳。其中，特级黄山毛峰茶的典型特征可用香高、味醇、汤清、色润八字概括，"鱼叶金黄"和"色似象牙"是其外形区别于其他毛峰的两大特征。

黄山毛峰茶汤

黄山毛峰茶一般可续水冲泡三到五次，品质好的黄山毛峰茶冲泡后会出现雾气凝顶的现象，可见芽叶根根竖直。而仿品黄山毛峰茶一般由于人工色素的原因呈土黄色，味道苦涩、淡薄，条叶形状不整，叶底不成朵。

黄山毛峰茶

十一、碧螺春茶

碧螺春茶是绿茶中的珍品，是我国十大名茶之一，又称"吓煞人香"，以"形美、色艳、香浓、味醇"四绝闻名中外。"吓煞人香"之名是民间最早的叫法，清代王应奎在《柳南随笔》中有这样的记载："康熙三十八年春……巡抚宋荦从当地茶人处购得精制的'吓煞人香'进贡，帝以其名不雅驯，题之曰'碧螺春'。" 碧螺春之名可能就是由此而来吧！

碧螺春

碧螺春

　　碧螺春茶产于江苏省苏州市太湖洞庭山。洞庭山位于太湖东南部，得益于太湖水的滋养，山上气温适宜，空气湿润，雾气蒸腾，十分利于茶树生长。

　　由于碧螺春茶树与果木间作，因而具有果味茶香的天然品性。品饮过碧螺春茶的人都会沉浸在它的嫩绿隐翠、清香幽雅和绝妙韵味中。

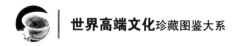

从外形上看，碧螺春茶条索纤细，卷曲成螺，披毫隐翠，闻之清香扑鼻，冲泡后的碧螺春茶汤色清澈翠绿，叶底嫩绿明亮，饮后只觉鲜醇甘爽，满口生津，回味绵长，素有"一嫩三鲜"之称。茶农生动地描述碧螺春茶为："铜丝条，蜜蜂腿，花果香，浑身毛。"

碧螺春

碧螺春

　　碧螺春茶真品银芽显露，一叶一芽，叶
卷曲成螺，色泽青绿；芽为白毫，即白色小
绒毛。碧螺春茶仿品一芽二叶，芽叶长度不
一，色泽鲜黄，且绒毛非白色而多呈绿色。

十二、信阳毛尖

信阳毛尖是我国十大名茶之一，又被称为"豫毛峰"，以"细、圆、光、直、多白毫、香高、味浓、汤色绿"的独特风格而为人所知。

信阳毛尖

信阳毛尖

　　信阳毛尖产于河南信阳大别山地区，信阳地区地势高峻，平均海拔在 800 米以上，茶园主要分布在群山峡谷间，那里峰峦叠嶂，溪水潺潺，云雾缭绕，气候温和，滋生孕育了肥壮柔嫩的茶芽，也为形成信阳毛尖的独特风韵创造了客观条件。

信阳种茶历史悠久，茶圣陆羽在《茶经》中把全国划分为八大茶区，信阳便归于淮南茶区。唐代时，信阳毛尖开始成为贡茶，北宋大词人苏东坡曾说过："淮南茶，信阳第一。"1915年，信阳毛尖漂洋过海，远赴巴拿马参加万国博览会，并一举夺魁。

信阳毛尖

信阳毛尖

信阳毛尖于每年四月中下旬开采，一年采摘三次，即春茶、夏茶、秋茶，其中，春茶和秋茶是茶中上品，民谣有"早茶送朋友，晚茶敬爹娘"的说法，可见其珍贵。春茶的采摘以谷雨前为最佳，称为"雨前毛尖"。秋茶是白露过后采摘的茶，因产量较少而格外珍贵，与春茶同为信阳毛尖中的上品。

从外形上看，好的信阳毛尖条索紧实，纤细浑圆，粗细一致，嫩度高，少碎末，颜色润泽，香气清高，如果凑近用力深吸茶叶的香气，具有熟果香气且高远纯正的必是上品茶。

信阳毛尖茶冲泡之后，茶香清高纯正，汤色澄净，滋味醇厚，饮后回甘生津。冲泡四五次后仍保有香气者为优质茶。

信阳一带有"浉河中心水，车云顶上茶"之说，可见人们喜欢用浉河水冲泡信阳毛尖。

信阳毛尖

南京雨花茶

十三、南京雨花茶

南京雨花茶是绿茶中独树一帜的新品种，原产于江苏省南京市雨花台园林风景区。

南京是我国四大古都之一，"江南佳丽地，金陵帝王都"，南京这座古都蕴含了丰富的历史文化。中外游客到南京观光，必购两件纪念品，那就是圆润可爱的雨花石和清新幽香的雨花茶。由此可见南京雨花茶的珍贵。

雨花茶

南京雨花茶属于炒青绿茶中的珍品和新品，其色、香、味、形都为人称道。南京雨花茶在原料选择和工序操作上都十分讲究，采摘的最佳时节在清明前后，采摘一芽一叶或一芽两叶，不采虫伤芽叶、紫芽叶、红芽叶、空心芽叶。采后鲜叶要防止日晒，还要及时加工，而且所有工序都需要采用手工。

　　南京雨花茶的品质特色为紧、直、绿、匀。从外观上看，好的南京雨花茶条索纤秀挺拔，色泽墨绿，白毫显露，冲泡后上下漂浮，碧绿清澈，香气清幽，滋味醇厚，回味甘甜。更可贵的是，南京雨花茶还有消食利尿、止咳祛痰的功效。

雨花茶

　　南京雨花茶是新品中的名茶，一直以来很受江浙、台湾等地茶友青睐。通常情况下，凡茶身紧结重实、完整饱满、芽头多、有苗锋的，可表明其叶嫩、品质好；而枯散、碎断轻飘、粗大则可以断定为老茶，品质次之。

雨花茶

竹叶青茶

十四、竹叶青

竹叶青属于扁形炒青绿茶，产于四川峨眉山市及周围地区。传说此茶为峨眉山龙门峒僧人创制。此茶原不叫竹叶青，竹叶青的名字是陈毅元帅起的。1964 年陈毅元帅来峨眉山，应万年寺住持眼宽之请为其命名竹叶青，取竹子翠绿清新、生机盎然之意。

竹叶青茶

　　峨眉山产茶有着久远的历史，《华阳国志·蜀志》记载："峨山多药草，茶尤好，异于天下。"唐代时，峨眉山所产的峨眉雪芽开始成为贡茶。唐李善在《文选注》中记载："峨眉多药草，茶尤好，异于天下。今黑水寺后绝顶产一种茶，味佳，而色二年白，一年绿，间出有常。"该寺原有一株高达数丈的贡茶树，现在已经不见。1985年有人发现黑水寺遗址后坡上有一棵茶树桩，直径15厘米，桩上有砍过9刀的痕迹，在第9刀痕迹处发出嫩枝条，直径约3厘米，后证实其为乔木大叶形枇杷茶，是较珍贵的茶树品种。

　　峨眉雪芽在宋代名声更加显扬，宋代大词人苏东坡有
"分无玉碗捧峨眉"之句。明初，明太祖朱元璋赐峨眉山
茶园，峨眉山茶业由此开始逐步发展起来。现在，当初明
太祖御赐的茶园已成为峨眉竹叶青的重要生产基地。

　　中华人民共和国成立后，万年寺、玉屏寺、普兴乡等
地茶叶事业又得到了极大的促进，峨眉山茶叶基地得到较
快发展。

竹叶青

竹叶青

从外观上看，竹叶青茶叶形状扁直平滑，挺直秀丽，翠绿显毫，形似竹叶，色泽嫩绿油润。冲泡后，汤色微黄淡绿，清澈透亮，清香馥郁，滋味鲜嫩醇爽，叶底嫩绿明亮。

另外，竹叶青含有的茶氨酸、儿茶素等，能改善血液循环，对预防肥胖、脑卒中和心脏病等有一定作用。

十五、开化龙顶

开化龙顶创制于 20 世纪 50 年代，属于我国名茶的新秀。开化龙顶是高山云雾茶，其产区与安徽、江西产茶区相邻，这里山水相依，茶园林立，山山有茶，放眼环顾，满目苍翠，绝佳的自然环境，为开化龙顶与众不同的风味创造了得天独厚的自然条件。

开化龙顶

开化龙顶以其"干茶色绿、汤水清绿、叶底鲜绿"的"三绿"特征，成为钱江源头的"一绝"。

开化龙顶春茶品质最佳，清明前茶是顶级精品龙顶，品质最佳。秋龙顶茶品质次之，夏茶又次之。

开化龙顶

开化龙顶

　　从外观上看，优质开化龙顶单芽形圆稍弯，明黄带绿，
冲泡后，芽尖片片竖立，汤色杏绿，清澈明亮，香气纯正清
幽，滋味鲜爽回甘，叶底匀齐成朵。

　　开化龙顶仿品针形稍扁，色泽青绿，有青草味和泥腥味，
冲泡后也没有芽芽直立的美感。

十六、都匀毛尖

都匀毛尖是我国十大名茶之一，又称"白毛尖""细毛尖""鱼钩茶""雀舌茶"，指产于贵州都匀茶场的卷曲形炒青绿茶。都匀毛尖有"形可与碧螺春并提，质能同信阳毛尖媲美"的美誉，茶界前辈庄晚芳也有"雪芽芳香都匀生，不亚龙井碧螺春"的赞词。

都匀毛尖

都匀毛尖

　　都匀毛尖的历史可谓久远，成名也较早，有史料记载，早在明代，毛尖茶中的"鱼钩茶""雀舌茶"已被列为皇室贡品。1780年，官办茶园在都匀正式出现，而且直接由知府兼理，规模较之前有了很大的扩展，以至成为关系到"上裕国课，下佐工商"的大事。清乾隆年间，都匀毛尖生产规模又得到扩大，茶叶行销各地。1915年，都匀毛尖获巴拿马茶叶赛会优质奖。1982年被评为中国十大名茶之一。

都匀毛尖

18世纪末,广东、广西、湖南等地商贾用以物易物的方式换取鱼钩茶,运经广州销往海外。

都匀毛尖在清明节前采摘,选取初展的一芽一叶,长度在2厘米左右。经翻炒杀青、揉捏等工序始能完成制作。

都匀毛尖

从外观看，优质都匀毛尖条索紧结，色泽绿润，芽叶肥壮，卷曲似螺，白毫多显。优质都匀毛尖冲泡好后，芽叶渐沉水底，色泽艳丽，滋味醇厚，回甘鲜美。劣质都匀毛尖则外形大小不一，均不符合上述特质。

都匀毛尖

井冈翠绿

十七、井冈翠绿

井冈翠绿又叫井冈春蕾，产于江西井冈山兰花坪一带的弯曲形炒青绿茶。井冈翠绿在当地很有名气，在井冈山有一首流行很广的"请茶歌"是这样唱的："同志哥！请喝一杯茶呀，请喝一杯茶，井冈山的茶叶甜又香呵，甜又香呵……"可见井冈翠绿在当地人心目中的地位很高。井冈翠绿属于新创名茶，曾被评为江西省八大名茶之一和江西省新创名茶第一名。

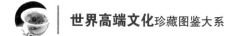

　　井冈翠绿产于海拔千米的井冈山兰花坪一带，井冈山山高林密，沟壑纵横，层峦叠嶂，地势险峻，这里一年四季云雾缭绕，空气湿度大，日照光度短，适宜茶树的生长发育。

　　井冈翠绿条索紧曲，叶片肥壮，柔软细嫩，翠绿多毫。

井冈翠绿

井冈翠绿

　　在制作上，井冈翠绿有独到之处。制作时，从茶叶分拣到制成共有十多道工序，每一道工序的标准都十分严格。这样造出的井冈翠绿细紧曲钩、多毫、翠绿。

　　刚开始冲泡的井冈翠绿，色泽翠绿，芽尖悬空竖立，然后徐徐下沉至杯底，稍后叶片舒成伞形，茶汤清澈，给人一种赏心悦目的感觉。

　　井冈翠绿滋味清醇，品饮井冈翠绿茶，会顿觉神清气爽，这主要是井冈山得天独厚的自然条件孕育的结果。

井冈翠绿

崂山绿茶

十八、崂山绿茶

通常，人们所说的崂山茶，即崂山绿茶。崂山绿茶的产生得益于"南茶北引"。"南茶北引"以绿茶为主，兼有少量乌龙茶、红茶、花茶。

崂山地处黄海之滨，属温带大陆性季风气候，那里土壤肥沃，呈微酸性，素有"北国小江南"之称。山中云雾缭绕，名泉佳水遍布，崂山绿茶就是凝聚了这些天地之灵气、山海之精华，形成了色、形、香、味、意俱佳的品质，在"崂山三绝"中位列首位，美名远播，被誉为"江北第一名茶"。

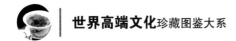

　　按鲜叶采摘的季节，崂山绿茶可分为春茶、夏茶、秋茶；而按鲜叶原料和加工工艺，又可分为卷曲形绿茶和扁形绿茶。崂山绿茶一般分单芽、一芽一叶、一芽二叶、一芽三叶、一芽四叶、对夹叶等采摘标准。鲜叶采摘时要注意嫩匀一致，洁净无杂物。采摘时不采紫芽、病虫芽、冻伤芽及其他不符合标准的芽叶。

　　优质崂山绿茶具有叶片厚、豌豆香、滋味浓、耐冲泡等特征。初闻有一股淡淡的清香，再闻能感觉到一种豆香味。

采摘鲜嫩芽叶

崂山绿茶

　　用沸水冲泡崂山绿茶后，汤色绿中带黄，明亮，卷曲的叶片慢慢伸展开。崂山绿茶一泡淡然无味，二泡口味逐渐好转，三泡以后渐入佳境，那种特有的清雅、幽香的豌豆香味就开始显露出来，入口后有滑、绵的感觉，回味悠长，回甘生津。

十九、日照雪青

日照雪青茶原来的名字叫雪青茶，产于山东日照市山清水秀、云蒸雾绕的沿海山区，其口味浓郁，与北方人饮食口味较重的习俗相符，因此，受到北方人的欢迎。

雪青茶的得名来源于一个传说。据说，1974年冬，日照雪青的产地东港区李家庄茶场下起了鹅毛大雪，茶树被大雪覆盖，第二年开春冰雪融化，茶树一片葱绿。有感于此，茶农们采下新茶制成后取名"雪青"。

日照雪青茶

日照雪青茶

雪青茶采摘于每年4月下旬至5月上旬，鲜叶标准为一芽一叶初展。

从外观看，雪青干茶条索纤细，白毫显露，色泽翠绿。而仿冒品则没有这些品质特征。日照雪青茶具有"叶片厚、滋味浓、香气高、耐冲泡"的特点，汤色黄绿明亮，叶底柔软明亮，带板栗香气，口感鲜爽鲜活，回味甘甜，饮后多时仍回味无穷。

另外，雪青茶具有醒脑提神、利尿解毒、杀菌降压、护齿明目、防癌抗癌的功效，经常饮用可起到延年益寿、抗衰老的作用。

二十、奉化曲毫

奉化曲毫产于浙江省雪窦山，雪窦山风景优美、气候宜人，早在千年前，雪窦山一带就已产曲毫茶，而且品质极佳，芳香浓郁持久，滋味纯爽，深受僧人喜爱。宋方志载："茶荈不同亩，曲毫幽而独芳。"从中可以看出，奉化曲毫是一种历史悠久的名茶。后又经过茶艺师的重新提制，使之又焕发出新的光彩，因此也算是一种创新名茶。

奉化曲毫茶

奉化曲毫茶

　　奉化曲毫茶制作工序较为烦琐，也很讲究，采摘鲜叶后，经摊青、杀青、揉捻和烘、炒干、造型、足火等工序制作而成。

　　真品的奉化曲毫茶具有"色绿、香高、味醇、形美"的特征，外形肥壮，用开水冲泡后可以看见杯中的曲毫外形肥壮，汤色绿明，叶底成朵，清香持久。品饮后，可顿觉滋味鲜醇，一股清香由喉入心，渐觉通体舒畅。续添水三道，犹有余香。

二十一、狗牯脑茶

狗牯脑茶是江西名茶之一，属于绿茶精品，产于罗霄山脉南麓支脉，遂川县汤湖乡狗牯脑山。由于该山外形像狗头，因而所产茶叶就命名为狗牯脑茶。

狗牯脑山在罗霄山脉南麓，其山南五指峰和山北老虎岩遥相对峙，东北约5千米处，有著名的汤湖温泉。山中苍松劲竹，百鸟竞唱，潺潺溪流，云雾弥漫，更有肥沃的乌沙土壤，昼夜温差大，是利于茶树生长繁殖的绝妙佳境。

狗牯脑茶

狗牯脑茶

　　1915 年，狗牯脑茶曾荣获巴拿马太平洋国际博览会金质奖。1930 年，荣获浙赣特产联合展销会甲等奖。1988 年，荣获中国首届食品博览会金奖。1992 年，荣获香港国际食品博览会金奖。

　　狗牯脑茶的采制十分精细。通常在每年的 4 月初开始采摘，高品质狗牯脑茶的鲜叶标准为一芽一叶初展。还要注意不采露水叶，雨天不采叶，晴天的中午不采叶。鲜叶采回后还要进行挑选，要将那些紫芽叶、单片叶和鱼叶剔除。

从外观上看，正品狗牯脑茶芽叶匀整秀丽，碧色中微露黛绿，表面覆盖一层柔细软嫩的白毫，冲泡后茶叶快速下沉，叶面无泡，汤色澄清而略呈金黄色。而仿品狗牯脑茶则不具备这些品质特征，其外形和色泽都不太均匀，冲泡后茶叶较长时间漂浮在杯面，汤色也不澄清而略呈浑浊。品饮后感觉滋味清凉可口，鲜爽、芳醇，香甜沁入肺腑，口中甘味经久不去。

　　另外，狗牯脑茶富含氨基酸、咖啡碱、芳香物质等，对人体健康有利。

狗牯脑茶叶底

阳羡雪芽

二十二、阳羡雪芽

阳羡雪芽是一种历史名茶，属于条形炒青绿茶，产地为江苏宜兴南部太华、茗岭、湖㳇、丁蜀、横山水库等地。由于宜兴古称阳羡，因而此茶得名阳羡雪芽。

宜兴产茶有着很悠久的历史，属于我国著名的古老茶区。据《桐君录》（220 年左右）记载，当时"西阳、武昌、庐江、晋陵皆出好茗"，又晋陵在古代称为常州，常州辖治之内自古仅宜兴多山产茶，由此可以推断宜兴产茶历史应当不迟于东汉末期。

相传，唐肃宗年间，常州刺史（旧宜兴属常州）李栖筠来到宜兴，一个不知名的和尚送来"阳羡茶"，李栖筠会集宾客一同品饮。茶圣陆羽认为此茶芬芳，当世难有匹敌，可上贡给皇上，于是阳羡茶被列为贡品。陆羽在《茶经》中还记载："常州义兴县（即现在的宜兴县）生君山悬脚岭北峰下。"唐代卢仝也写诗赞道："天子须尝阳羡茶，百草不敢先开花。"可见在唐代，"阳羡茶"的名气很大。

宋代时，文人雅士喜爱上了宜兴茶叶。大文豪苏东坡留下了"雪芽为我求阳羡，乳水君应饷惠山"的诗句。一直

阳羡雪芽

阳羡雪芽

到明代，阳羡雪芽都很繁盛，至清代贡茶失传，茶叶因此荒芜殆尽。中华人民共和国成立后，为了恢复宜兴茶叶的历史盛名，由教授级高级农艺师张志澄先生倡议主持，1984年无锡市茶研所与宜兴市林副业局合作，重新为阳羡雪芽定型、定工艺。1985年"新阳羡雪芽"创制成功，新阳羡雪茶以汤清、芳香、味醇的特点而誉满全国。

阳羡雪芽

阳羡雪芽采摘细嫩，制作精细，采摘时节为清明至谷雨时节，采摘半展的一芽一叶，然后经摊青、杀青、轻揉、整形、焙干等工序制成。

从外观看，阳羡雪芽条索纤细挺秀，色泽绿润，白毫显露，冲泡后汤色清澈，明亮见底，叶底幼嫩，色绿黄亮，香气清幽。

二十三、金山翠芽

金山翠芽是江苏省新创制的绿茶名品，属于扁形炒青绿茶，产地为江苏镇江郊区丹徒、句容等地。

江苏镇江古称润州，是历史上著名茶区之一。在陆羽的《茶经》中可见到润州（今镇江）产茶的记载。

"徒邑迤西诸山产茶，五洲山产云雾茶，品质尤佳，惟翠岩室前茶树茂盛，此茶作贡品进京。"这是明、清《丹徒县志》中的记载。清光绪年间的《丹阳县志》记载："晓里桥南数里，地名杨城，有坟约四五亩，产土茶……风味不减武彝（夷）。"这里群山环绕，山川起伏，绿水长流，气候温和湿润，适宜茶树生长。金山翠芽属于新创

金山翠芽

金山翠芽

名茶。1984年镇江市科委提出"研制名茶——金山翠芽"的口号，在镇江市多管局主持下，成立了由句容县下蜀茶场，最终在1985年4月形成了一套相对完整的采制工艺。同年，在农牧渔业部召开的全国名茶评选会上，"金山翠芽"荣获全国名茶称号。

二十四、古丈毛尖

古丈毛尖属于条形炒青绿茶，因地得名，产于湖南古丈县。

古丈县有着悠久的产茶历史，有据可考始于东汉，东晋《坤之录》记载："无射山多茶"，无射山绵延经古丈县境。唐代入贡，清代又列为贡品。《古丈县志》记载："19世纪末叶，古丈坪厅之茶，种山者少，皆人家园圃所产及以园为业者所为……清明谷雨拣摘，清香馥郁，有洞庭君山之胜……"

古丈县位于武陵山区，这里群山耸立，谷幽林深，云雾缭绕，溪河随处可见，气候温和，雨量充沛；而且，这里的土壤肥沃，含有丰富的磷，十分有利于茶树的生长栽培。

古丈毛尖

采摘芽叶

1929 年，古丈毛尖获法国国际博览会国际名茶奖；1957 年再创辉煌，这一年外经贸部将其送展莱比锡国际展览会，当年实现小批量出口联邦德国；1982 年，该茶又被评为湖南省优质名茶第一名，正式列入中国十大名茶；1983 年获外经贸部荣誉证书，成为优质出口产品之一；1988 年又荣膺北京首届食品博览会金奖。

古丈毛尖清明时采摘，采摘一芽一叶、一芽二叶初展，然后经摊青、杀青、初揉、炒二青、复揉、炒三青、做条、提毫收锅制成。

从外观看，古丈毛尖或弯似鱼钩，或直如标枪，色泽翠绿，白毫显露。冲泡后，汤色黄绿明亮，清澈见底，叶底嫩匀，明亮成朵，香气持久，滋味醇爽，回味悠长，尤耐冲泡。

古丈毛尖

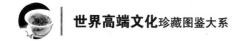

二十五、恩施玉露茶

恩施玉露茶原名玉绿，又称"玉露茶"，是产于湖北恩施五峰山一带的针形蒸青绿茶。

恩施玉露茶的主要产地五峰山倚清江而崛起，与巍峨奇特的田家峁、龙首山等五座山峰毗连，山势连绵，雄伟壮观，"一曲清江漫陆离，山开五指垒牟尼"所描述的就是它们。这里气候温和，雨量充沛，林木茂盛，谷地平阔，山谷间云雾缭绕，山下江水滔滔，土壤肥沃，十分有利于茶树的生长培育。

恩施五峰山

恩施玉露茶

　　关于恩施玉露茶是何时创制的，目前还没有找到确切的史料证明。相传在清朝康熙年间，恩施芭蕉黄连溪有一姓兰的茶商，他垒灶研制，其焙茶炉灶与今天的恩施玉露茶焙炉十分相像。所制茶叶外形紧圆挺直，色泽翠绿，毫锋银白如玉，曾称"玉绿"。

　　这之后不久，邻近县区辗转获得其制茶技艺。与恩施芭蕉黄连溪毗邻的宣恩县庆阳坝首先设厂仿制，产出来的茶外形色泽翠绿，毫白如玉，显露分明，而茶香鲜味爽，遂将茶改名"玉露"。同时，还有一外地茶商王乃赓也来到庆阳坝，增设"更生茶厂"采制此茶。

1936 年，湖北省民生公司管茶官杨润之又做了创新，他将锅炒杀青改为蒸青，改制后，其茶不但汤色、叶底绿亮，鲜香味爽，而且外形色泽变得油润翠绿，毫白如玉，品质得到了进一步的提升。

五峰山一带成为恩施玉露茶的主要产地，之后，茶园的规模不断扩大，产区先后扩展到咸宁、黄冈、武汉、荆州、宜昌和河南信阳等地。1945 年该茶外销日本，之后又一度失传。1991 年又再次研制成功，销往上海、广州等地，颇受广大消费者青睐。

恩施玉露茶

恩施玉露茶

恩施玉露茶每年清明前后采摘，采摘细嫩的一芽一、二叶，不能超过初展的一芽二叶，经蒸青、扇干水汽、铲头毛火、揉捻、铲二毛火、整形上光、烘焙和拣选制成。

从外观看，恩施玉露茶条索紧圆，光滑纤细，状如松针，色泽苍翠绿润，身披白毫。经沸水冲泡后，芽叶复展如生，茶芽先是悬浮在杯中，继而沉降杯底。茶汤清澈透亮，叶底色绿如玉，香气清爽，滋味醇和。饮后只觉香气绵长，醇厚回甘，沁人心脾。

　　另外，恩施玉露茶具有清心明目、提神醒脑、生津解渴、去腻消食、抑制动脉粥样硬化以及防癌、防治维生素 C 缺乏病和防御放射性元素等多种功效，对人体健康非常有利。

恩施玉露茶

五峰地区

二十六、采花毛尖

采花毛尖属于条形烘青绿茶，产地为湖北五峰采花坪一带。五峰地区是土家族儿女长期聚集之地，这里有着悠久的产茶历史，是历史上名优绿茶和"宜红工夫茶"（简称宜红茶）的主要产区。资料表明，16世纪初该地区农民种茶、饮茶已相当普遍，茶叶制作工艺已经非常成熟。康熙四十二年的《采茶歌》反映了繁忙的采茶季节茶叶市场商贾云集的情景。

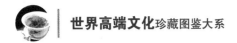

　　五峰茶叶发展的高峰时期是在清道光年间。当时有一名叫林志成的茶商为把生意做大，方便将茶从山里运出，投入巨资在采花修筑骡马运道。晚清时期，英、俄等国的茶商便不远万里，远涉重洋，在采花设茶号、办茶庄，开展茶生意。

采花毛尖

采花毛尖

中华人民共和国成立后，五峰采花茶业得到了快速发展，
名茶基地建设速度得到极大提升，名优茶的研制和开发也如火
如荼地开展起来。当地的制茶工人汲取传统工艺精华与现代先
进技术，对毛尖茶进行恢复和创新，经过多年不断的试验和研
究，最终取得成功。1995 年到 2001 年，采花毛尖连续四届获
得中国农业博览会金奖。

采花毛尖在每年清明谷雨前后采摘，采摘鲜叶一芽一、二叶，经杀青、揉捻、打毛火、整形、烘干等工序制成。分特级、一级、二级三个品级。

从外观看，采花毛尖细秀匀直，色泽翠绿油润，冲泡后，汤色清澈，叶底嫩绿明亮，香气浓郁持久，滋味鲜爽回甘。

采花毛尖

蒙顶石花

二十七、蒙顶石花

  蒙顶石花属于扁直形烘炒绿茶，是历史名茶，产地为四川名山蒙山。该茶造型自然美观，外形像丛林古石上寄生的苔藓，冲泡后整芽形似花，又因为此茶产于蒙山，因此又称为蒙山石花。

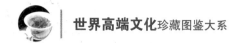

　　蒙山越名山、雅安两县，山体高大巍峨，峰峦挺秀，其上多绝壑飞瀑，重云积雾，其奇景可与峨眉山、青城山相比。曾有诗赞曰："仰则天风高畅，万象萧瑟；俯则羌水环流，众山罗绕，茶畦杉径，异石奇花，足称名胜。"

四川蒙山

蒙顶石花

蒙山产茶有着久远的历史，从史料记载可知：早在唐天宝元年，蒙山雀舌茶就被列为贡茶——当时我国西南诸域凡以一芽一叶初展原料制作的散茶，都会以形命名为"雀舌"，于是蒙山石花也就被称为"蒙山雀舌"。蒙山石花具有自然成形的独特美姿，又能发挥茶叶的内在品质，再加上其形神与禅境吻合，所以一直以来是佛家礼佛茶的首选。

　　明代《明大政纪》记述，明太祖朱元璋于"洪武二十四年九月诏建宁岁贡上供茶，罢选龙团，听茶产唯采芽茶以进……"从那时起，石花茶迎来了它的曲折历史。明末社会动荡，张献忠"剿四川"时蒙山制茶高僧多数死于劫难，民间茶人或被杀或外逃，石花工艺也就自那时起消失不见。

蒙顶石花

蒙顶石花

中华人民共和国成立后，蒙顶石花茶又迎来了勃勃生机，经研究者的辛勤努力，蒙山茶又再现出"蜀土茶称圣，蒙山味独珍"的辉煌。

蒙顶石花茶制法工艺沿用唐宋时期的"三炒三晾"制法。采摘清明前色黄绿、形圆肥的单芽，经杀青、摊凉、做形提毫、烘干制成。

从外观看，蒙顶石花茶扁平匀直，色泽嫩绿油润。冲泡后，汤色嫩绿，清澈明亮，叶底细嫩，芽叶匀整。而且香气浓郁，滋味鲜嫩，饮后回甘生津。

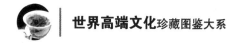

二十八、蒙顶甘露

蒙顶甘露是我国最古老的名茶，被尊为"茶中故旧"，至今已有 2000 余年历史。曾有"扬子江中水，蒙顶山上茶"的美誉。此茶为卷曲形炒青绿茶，产于四川名山——蒙山。

蒙山产茶最早始于西汉，因此就以汉宣帝刘询的年号"甘露"取名。唐朝时蒙山茶迎来了它的繁盛期。初唐时成为贡茶。

蒙山茶园

蒙顶甘露

　　蒙山茶主要产于山顶，这也是被称作"蒙顶茶"的原因。蒙顶甘露中"甘露"的含义：一是指西汉年号；二是在梵语中为念祖之意；三是茶汤滋味鲜醇如甘露。

　　蒙顶茶有多个品种，主要包括甘露、黄芽、石花、万春银叶、玉叶长春等五种传统名茶。这些名茶各具特色，宋明两代，蒙顶茶最为兴旺。宋代时蜀地有名的茶产区近百个，其中著名者有八处，在这八处中，蒙山又为"群芳之首"。《事物绀珠》中记述唐宋古代名茶98种，蒙山产出的名茶占据了前8种，如五花茶、圣扬花、吉祥蕊、石花、石苍压青、露芽、不压膏茶、谷芽，其中吉祥蕊为上品。

　　根据地方史料最早的记载，蒙顶甘露出现于明代嘉靖二十年（1541年）《雅安府志》的记载："上清峰产甘露。"但是后来，蒙顶甘露逐渐失传，直到1963—1965年，蒙山茶场技术人员经过反复试验研制，系统地总结出蒙顶甘露等五种传统名茶的工艺技术，蒙顶甘露才得以重新焕发青春。

蒙顶甘露

蒙顶甘露

　　蒙顶甘露是在每年春分时节，当茶园中有5％左右的茶芽萌发时，开园采摘。采摘标准为单芽或一芽一叶初展。采摘后经过摊放、杀青、揉捻、炒青、整形提毫、烘焙等工序制成成茶。

　　蒙顶甘露在蒙山多种茶中品质最佳。从外观看，叶芽美观齐整，毫多紧卷，色泽鲜嫩绿润。冲泡后，汤色黄中透绿，清亮如露，叶底匀整，绿意浓浓。且香味高远，味道醇厚。

二十九、梵净翠峰

梵净翠峰属于扁形炒青绿茶，产于贵州印江梵净山茶场。

印江县有着悠久的种茶历史，素以盛产名茶出名。据明朝《明实录》记载："思州方物茶为上。"明代时，印江县永义乡团龙村为朗西蛮夷长官司所辖，隶属于思州。永义乡团龙村深居梵净山间，这里所产的团龙茶最早可追溯到 11 世纪，在明永乐九年（1411 年）就进贡皇家，被赐封为贡茶。

贵州印江梵净山

贵州印江梵净山茶

时至今日，梵净山茶场仍有 80 多株茶树生机勃勃，长势茂盛，据相关专家鉴定，其中最长的树龄已达 600 余年，可能是明朝永乐年间种植，堪称西南地区绿茶树中秆茎最大、树龄最长、保护最好的"茶树王"。

印江县境内雨量充沛，降雨丰富，多云间晴或多阴天；另外，这里云雾缭绕，光照柔和，多漫射光，气温适宜，既没有高温热害，也没有严寒冻害；土壤种类为黄壤、黄棕壤、红壤和紫色土壤等，呈酸性，

梵净翠峰

梵净翠峰

pH 值均在 4.5~6，而且有机质含量丰富。这些独特的自然因素是梵净山翠峰茶形成特有品质的关键。

在传统工艺精华和独特自然环境的基础上，茶叶研究人员反复试验，最终于 1990 年成功研制出梵净翠峰。2005 年，该茶荣获第六届"中茶杯"中国名优茶评比一等奖。

梵净翠峰采摘标准是一芽一叶，经杀青、二炒、辉锅而制成。分极品、特级、一级和二级。

从外观看，梵净翠峰茶外形扁直平滑，挺秀匀齐，毫多而不立，色泽翠绿油润，冲泡后，汤色碧绿，明亮见底，兰花香气高长，滋味鲜醇爽口。

三十、湄江翠片

湄江翠片原名"湄江茶",属于扁形炒青绿茶,因产于贵州省湄江河畔而得名。

湄江翠片的发源地湄潭茶场位于黔北湄潭县城区境内。湄潭县城境内有湄江河流经。县城三面环水,绿水青山,两岸茶山绵延不绝,素有"茶乡"的美誉。湄江河两岸土壤质地优良,土层深厚肥沃,湿润疏松,多为酸性或微酸性沙质土壤;再加上此地气候温和,雨量充沛,空气清新,茶园海拔多在750~1200米,昼夜温差大;另外境内年日照率较低,散射光较多,光合作用平缓,茶树生长缓慢,茶叶纤维不易突然变粗变老,能够较长时间地保持芽叶柔嫩,可大大促进茶叶内芳香物质、蛋白质、咖啡碱、维生素、茶多酚、氨基酸等营养物质的形成和聚集,非常适合栽种茶树。

贵州省湄江河畔

湄江翠片

湄潭和茶圣陆羽所指味极佳的茶产地夷州为同一地方。抗日战争时期，浙江大学迁到湄潭，湄潭实验茶场就是在这个时候筹建起来的。当时，茶场创始人刘淦芝教授和苏步青、江问渔、钱琢如等学者组成"湄江吟社"，还留下了许多借茶抒怀的爱国诗篇。1954年，湄潭县将湄江河名与茶名融在一起，湄江翠片之名由此正式诞生。

湄江翠片采摘精细，要领是采高养低、采顶留侧，以促进分枝，培养树冠。采摘后，再经杀青、摊凉、二炒、摊凉、辉锅五道工序制成成茶。主要手法有抖、带、搭、扣、拓、抓、拉、推、磨、压十种。各种手法要视具体情况酌情采用，灵活变换。

湄江翠片炒制技术十分考究，既汲取了西湖龙井茶的炒制方法，又有自己与众不同的地方。

湄江翠片

湄江翠片

从外观看，湄江翠片扁平光滑，形似葵花子，隐毫稀见，色泽绿翠。冲泡后，汤色黄绿，清澈明亮，叶底嫩绿匀整，香气清芬萦绕，有栗香和花香，饮后可感滋味醇厚爽口，回味甘甜。

第四章

>> 细品慢啜

——绿茶冲泡

绿茶冲泡

　　要想真正了解名优绿茶的具体滋味，自然要亲自品饮方可知道。而品饮之前，须先掌握正确的冲泡方法，人们在实践中总结出来的绿茶冲泡方法实际上已经成为我国茶文化的重要组成部分，这一章就来介绍一下绿茶的冲泡原则和方式。

一、冲泡之水

　　古人云："茶性必发于水，八分之茶遇十分之水，茶亦十分矣；八分之水试十分之茶，茶只八分耳。"从中可见冲泡茶的水对茶汤的品质有十分重要的影响。好茶需要配好水，这是毋庸置疑的，特别对于绿茶而言，这种关系十分重要。

好水泡好茶

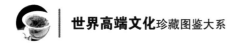
　　现代科学研究表明，水分为软水和硬水。一升水中镁离子和钙离子的含量如果少于 8 毫克，这样的水即为软水；如果高过 8 毫克，这样的水为硬水。试验表明，水的硬度对茶汤的色泽和茶叶中有效成分的浸出有很大影响。一般来说，如果水的硬度高，茶汤便色泽黄褐且味寡淡，严重的滋味苦涩。因此，冲泡茶叶的水以软水或煮沸处理过的硬水为宜。

自来水泡茶

清泉

　　很多名优绿茶产于有清泉的名山中，清泉名茶最是相配，这固然好，但由于种种限制，不可能都用产地的清泉水来冲泡，只能勉为其难采用其他的水冲泡。原则上，只要是符合国家饮用水标准的水都可以用来泡茶，在使用之前可将水贮存起来静置一昼夜，等水中的氯气逸出后，再行取用。

泡茶还涉及一个水温问题，冲泡茶的水温指水烧开后再冷却到泡茶所需的适宜温度。水温的高低对茶中溶于水的浸出物的浸出速度有一定的影响，一般来说，水温越高，茶中溶于水的浸出物浸出速度越快，茶汤也会越浓。反之，浸出物的浸出速度会越慢，茶汤也越寡淡。

泡绿茶要选择适宜的水温

水温适宜才能将茶泡好

通常，细嫩的名优绿茶适宜用水温 70℃ ~80℃ 的水冲泡，这样泡出来的绿茶汤色清澈，叶底明亮，香气芬芳，滋味鲜爽。如果水温过高，冲泡出来的茶叶容易呈现菜黄色，茶汤也会变黄；更可惜的是茶中所含的优质维生素等营养成分也会遭到破坏，同时茶多酚等浸出物的浸出速度很快，茶汤会因此有一种苦涩的味道。而如果水温过低，冲泡出来的茶，茶叶会浮在水面，茶中的浸出物很难浸出，这样茶汤浓度较低，滋味寡淡，同样不理想。

另外，冲泡绿茶的水温，还要兼顾茶的品种和品质。一般来说，冲泡坚实、粗老、肥大的茶叶，水温要较高；冲泡松散、细嫩、细小的茶叶，水温要低些。

二、取茶量的控制

简单来说，取茶量也就是泡茶时茶与水的比例，因此又称"茶水比"。一般来说，茶水比不同，冲泡出的茶汤香气与滋味会有所不同。茶多水少，茶汤浓，容易苦；茶少水多，茶汤则容易寡淡。一次取茶量没有统一的标准，要根据茶叶的种类、冲泡使用的茶具以及个人喜好而定。

茶叶量要适宜

以茶叶种类作为依据，喜欢饮用绿茶者多居住在长江中下游地区，他们喝茶多喜欢清淡的口味，因此每次饮茶取茶量不多，茶水比通常为1：50。

以冲泡用的茶具为依据，一般来说，用盖碗或玻璃杯冲泡，取茶量2~3克；如果用玻璃壶或者瓷壶冲泡，取茶量5~8克。

以个人喜好而言，多数中老年人喜欢饮用较浓的茶，因此茶量投放较多；而年轻人喜欢饮用较淡的茶，因此茶量投放较少。

茶叶量要适宜

茶叶量要适宜

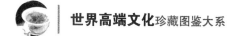

三、冲泡时间和次数

绿茶冲泡的时间和次数与茶叶的种类、冲泡的水温、用茶数量以及饮茶习惯都有一定的关系，是多种因素综合作用的结果。

一般来说，冲泡茶的水温越高，茶量越多，冲泡的时间应越短；反之，冲泡的水温低，用茶少，则冲泡的时间宜长。举例来说，如果冲泡的水是200毫升的沸水，茶叶是一般的绿茶，干茶量为3克左右，这样冲泡4~5分钟便可以饮用。

掌握冲泡时间

掌握冲泡时间

虽然这样冲泡起来快捷方便，但它有一些缺点，比如水温过高很容易烫熟茶叶，但水温过低又难以冲泡出茶叶的真味。另外，如果水量又多，浸泡时间又长，茶汤变凉，更是无法品饮到绿茶的真味。

　　研究表明，绿茶冲泡一次后，茶中的各种有效成分浸出速度有所不同：首先浸出的是氨基酸，接着是咖啡碱，然后是茶多酚，可溶性糖最后浸出。综合这些因素，较为适宜的冲泡手法是：

　　（1）注水浸没茶叶。先将茶叶投放到准备好的杯中，然后注入沸水，注入量以浸没茶叶为度。

　　（2）分次加水品饮。等待约3分钟再加开水，茶汤量达到杯容量的七八成，这个时候就可以饮用了。当喝到杯中茶汤量剩余三分之一左右时，再续开水。

注水浸没茶叶

绿茶冲泡

绿茶加工时揉捻轻而且几乎不发酵，冲泡时茶中的有效成分很快就会浸出，一般来说，冲泡三次后浓度增加渐渐缓慢，可浸出物渐渐减少，因此，绿茶冲泡三次较为合适。如果饮用的是细小颗粒的绿碎茶，在用沸水冲泡 3~5 分钟后，茶叶中的有效成分几乎已浸出，适宜一次性且快速饮用。

四、上、中、下投法

上投法

上投法是先汤后茶。这个方法很好地解决了因开水温度过高易被烫伤的问题。此方法对茶叶有很高的要求，比较适用于信阳毛尖、

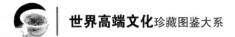

蒙顶甘露、碧螺春、恩施玉露等细嫩度很好的绿茶。此方法分两步：

（1）注水。一次性向准备好的杯中注入足够的热水。

（2）投茶。等水温适度了，投放茶叶。

用这个方法冲泡出来的茶叶有极好的嫩度，冲泡后，吸收了水分的叶片逐渐展开，呈现出芽叶的生叶本色。

上投法

中投法

中投法

中投法是汤半下茶，然后再复汤满。此方法可视为分段式泡茶法。这种冲泡方法一定程度解决了泡茶水温偏高导致的问题，对茶叶要求不高，但步骤相对复杂些，比较适用于一些细嫩绿茶，比如庐山云雾、黄山毛峰等。

具体步骤如下：

（1）注水。向准备好的杯中注入 70℃~80℃的热水，注水量为杯的三分之一。

（2）投茶。等水温适宜后，向水中投放适量的茶叶，让水分充分浸泡茶叶。

（3）高冲。采取悬高冲法往杯中注入足够的热水。

用这个方法冲泡出来的茶叶得到适时舒展，茶叶香气得以充分发挥，香气清新浓郁。

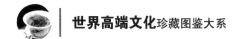

下投法

下投法是先茶后汤。这种方法是最常见的投茶方法，绿茶中那些芽叶肥壮者适用此法，如六安瓜片、太平猴魁、西湖龙井等。

具体步骤如下：

（1）温杯。先向杯中注入少量热水，等杯具温热后将水倒掉。

（2）投茶。往茶杯中投放适量的茶叶。

（3）注水。一次性往杯中注入 75℃ ~85℃ 的热水。

用此方法冲泡出来的茶，好处是茶香容易完全散发，而且茶汤浓淡也比较均匀。

下投法

各种茶具

五、 茶具的使用

尽管茶文化渗透于中国文化的各个方面，但面
对琳琅满目的茶具，有不少人摸不清门道，它们都
怎么样使用？功用是什么？下面我们来一一介绍。

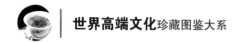

随手泡

用途：烧沸泡茶的水，泡茶时盛放冲泡用水。

材质：不锈钢或塑料材质，多为电磁炉式或电热炉式。

使用方法：

（1）先用随手泡烧沸水，再来温壶洁具，注意壶嘴不宜面向客人。

（2）新壶在使用前，应加水煮开后浸泡一段时间，除去壶中的异味。

选购技巧：最好选购具有温控功能的随手泡，水开后会自动断电，这样即使无人看管也不会把水烧干。

随手泡

锡制茶叶罐

茶叶罐（茶仓）

用途：贮存茶叶。

材质：茶叶罐有纸、竹、铁、锡、陶、瓷、琉璃等材质，均要求无异味、密封性好且不透光线。

使用方法：

（1）一种茶固定用一个茶罐。

（2）新买的罐子可先用少许茶末放在罐中，上下左右摇晃使之轻擦罐壁，约20下后倒出，可去除罐内异味。

（3）茶叶罐用完后必须立刻密封好放置，以防茶叶吸潮或走味。

选购技巧：不同的茶叶宜选择不同材质的茶叶罐。如普洱茶应存放在透气性好的竹、纸、陶制成的茶叶罐中；铁观音、茉莉花茶等香味重的茶宜选用锡罐、琉璃罐等贮存，因为此类容器密封效果较好。

茶壶

茶壶

用途：泡茶。

材质：有紫砂、瓷、玻璃等材质。

使用方法：

（1）用茶壶往外倒茶的时候，可单手持壶，大拇指和中指捏住壶柄，向上用力提壶，食指轻轻搭在壶钮上，切忌用力按住气孔，无名指向前抵住壶把，小指收好。若是无把壶，就用右手握住壶口两侧的外壁；也可双手持壶，右手保持单手持壶的姿势，左手轻轻托住壶底助力。若是大型壶，可右手握住提梁把，左手食指、中指按住壶钮。

（2）在泡茶过程中，壶的出水嘴不要直接对着客人。

（3）使用完茶壶后要及时清洗。

选购技巧：冲泡不同茶叶，宜选用不同材质的壶。在实用便利的基础上，茶壶应以自然流畅、气定神闲为佳，切忌矫揉造作、匠气十足。

茶盘（茶船、茶池）

用途：盛放茶壶的器具，也用于盛接溢水及淋壶茶汤，是养壶的必须器具。

材质：茶盘的质地有竹、木（盘形和根雕）、瓷、紫砂、玉石、砚石等材质，一般有单层茶盘和双层茶盘两种。

使用方法：

（1）单层茶盘只有一层盘面，在茶盘的右下角处接有一段几厘米长的金属管（多为铜管）连接一根塑料导水管，导水管的另一端接在废茶桶里，用来排掉废水。

茶盘

（2）双层茶盘上层皆有孔、格的排水结构，下层有一箱式贮水器，泡茶过程中的废水通过孔、格漏到下面暂存。

（3）双层茶盘的容积有限，因此必须及时清理，以免废水溢出。

（4）木质、竹质的茶盘用完应用干布擦干，以免茶盘开裂，影响使用寿命。

选购技巧：

（1）根据材质选购。虽然茶盘的材质多，但最常见、最实用的还是竹质及木质，不仅经济实用，还符合环保理念。

（2）选购茶盘的四字口诀：宽、平、浅、畅。盘面要宽，满足人多的需求；盘底要平，保证茶杯稳固；盘边要浅，便于取用茶杯、茶壶等茶具；整体造型要流畅、美观、大气。

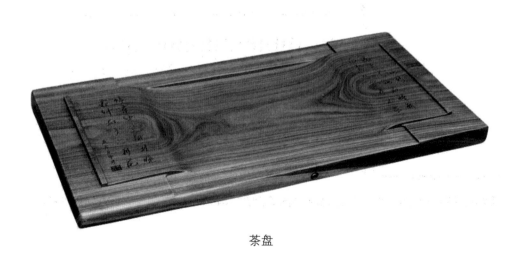

茶盘

公道杯

公道杯（茶盅、茶海）

用途：盛放茶汤。

材质：瓷质、陶质、玻璃材质等，其中使用比较普遍的是玻璃材质，这样茶汤的色泽可以清楚地看到。

使用方法：

（1）为了保证茶壶中的茶倒到杯中滋味一致，应将泡好的茶汤倒入公道杯内，再由公道杯分倒至各品茗杯，以保证各杯茶汤浓度相若。

（2）用公道杯给品茗杯分茶时，每个品茗杯的茶水不可倒太满，七分满即可。

选购技巧：公道杯的容积要与茶壶或盖碗相配，通常公道杯稍大于盖碗。

盖碗（三才杯、茶盏）

用途：可直接用来泡茶，并用其直接饮茶。

材质：瓷、紫砂、玻璃等，以各种花色的瓷盖碗为多。

使用方法：

（1）泡茶：置茶3克于碗内，冲水，加盖五六分钟后饮用。以此法泡茶，通常喝上一泡已足，至多加冲一次。

（2）品饮：端着碗托，揭开碗盖，先嗅其盖香，再闻茶香，用碗盖撩拨漂浮在茶汤中的茶叶，再饮用。

盖碗

玉盖碗茶具

（3）盖碗：分为茶碗、碗盖、托碟三部分。用盖碗品茶，杯盖、杯身、杯托三者不应分开使用，否则既不礼貌也不美观。

选购技巧：

（1）应选择做工精细的，轮廓线条要标准，圆要是正圆。

（2）杯口的外翻弧度应大一些，外翻弧度越大越容易拿取，冲泡茶叶时也不易烫手。

闻香杯

闻香杯

用途：借以保留茶香，用来嗅闻鉴别。

材质：多为瓷器材质，也有内施白釉的陶质闻香杯。

使用方法：

（1）使用闻香杯时，将杯口朝上，双手掌心夹住闻香杯，靠近鼻孔，轻轻搓动闻香杯使之旋转，边搓动边闻香。

（2）闻香杯一般不单独使用，常与品茗杯搭配使用。

选购技巧：闻香杯是用于闻香气的，一般选择瓷质的，不用紫砂的，因为紫砂质地易使香气被吸附在其里面。

品茗杯

用途：品啜茶汤。

材质：瓷器、紫砂、玻璃等质地。有大小两个种类，款式多种多样。

使用方法：

（1）男士在拿品茗杯时手要收拢。

（2）女士拿品茗杯可以轻翘兰花指，这样可以显得仪态优美、端庄。

选购技巧：

（1）瓷质、陶质或紫砂质品茗杯宜用杯底较浅、杯口较广、透光性较高的。

（2）品赏绿茶宜用耐高温的玻璃品茗杯。

品茗杯

茶荷

用途：将茶叶由茶罐移至茶壶，兼具赏茶功能。

材质：瓷质、木质、竹质、石质等，多数以瓷器制作而成。

使用方法：

（1）用茶荷取放茶叶时，手不要碰到茶荷的缺口部位，以保证茶叶洁净卫生。

（2）手拿茶荷时，拇指和其余四指分别捏住茶荷两侧，放在虎口处，同时，另一只手中指托住茶荷底部。

选购技巧：茶荷最好选瓷质的，这样可使茶叶更具观赏性。

茶荷

茶道六君子

茶道六用组合

用途：

（1）茶则：用来从茶叶罐中取出茶叶。

（2）茶拨：用来向茶壶或盖碗中拨导茶叶。

（3）茶夹：温杯过程中用来夹取品茗杯和闻香杯。

（4）茶针：当壶嘴被茶渣堵塞时，用茶针来疏通。

（5）茶漏：放于壶口上导茶入壶，防止茶叶散落壶外。

（6）茶筒：用来盛放上述5种茶具的容器。

茶道六君子

材质：主要是木质或竹质的。

使用方法：茶道六用组合是泡茶时的辅助用具，都是针对一些小细节的，可使整个泡茶过程优雅美观。

选购技巧：使用茶道六君子讲究的是泡茶的情趣，因此要精致、雅观。

过滤网和滤网架

用途：

（1）过滤网：泡茶时放在公道杯或茶杯口，起到过滤茶渣的作用，不用时则放回滤网架上。

（2）滤网架：用来承接滤网，有时候也被用来暂时放置壶盖。

材质：不锈钢、瓷质、陶质、竹质、木质、葫芦瓢等。

使用方法：

（1）将过滤网放在公道杯的杯口时，注意过滤网的柄要与公道杯的杯耳平行。

（2）过滤网和滤网架用完后要及时清洗、擦干。

选购技巧：

（1）过滤网和滤网架经常沾水，宜用不锈钢等材质。

（2）滤网架的款式品种繁多，有动物形状、人手形状等，除具有使用价值外，还有装饰效果。如果想节省，不买滤网架也可以，可将过滤网放在干净的地方。

过滤网和滤网架

盖置（盖托）

用途：泡茶过程中，专门用来放置壶盖的茶具。

材质：盖置材质丰富，有紫砂、瓷质、木质等。

使用方法：

（1）盖置可防止壶盖直接与茶桌接触，洁净卫生。

（2）使用盖置会使泡茶更讲究，但用过应立即洗净。

选购技巧：现在的盖置款式多种多样，有高一点的木桩形盖置，也有瓷质或紫砂质的小莲花台，还有小盘、鼓墩形等。大家可以根据自己的喜好，购买自己喜欢的款式。

青蛙莲子盖托

壶承

壶承（壶托）

用途：放置茶壶的器具，相当于缩小了的茶盘。有单层和双层两种，多数为圆形或增加了一些装饰变化的网形。

材质：壶承有紫砂、陶、瓷等材质。

使用方法：

（1）壶承可以承接壶里溢溅出的废水，保持桌面清洁，一般是三两人小聚饮茶的时候使用。

（2）将紫砂壶放在壶承上时，最好在壶承的上面放个布垫，这样可减少两者间的摩擦。

选购技巧：壶承是养壶必备器具，如今壶承花样层出不穷，一般宜选用与茶壶材质相同的壶承配套使用。

杯垫（杯托）

用途：承放茶杯的小托盘，既能防止杯子滑落，又美观，还能防止桌面被烫坏。

材质：木质、竹质、塑料质地等。

使用方法：

（1）使用后的杯垫要及时清洗，如果是竹、木等质地，则应通风晾干。

（2）使用杯垫给客人奉茶，既显得卫生，又显得优雅。

选购技巧：

（1）杯垫与品茗杯搭配在一起应和谐、适宜。

（2）杯垫一般与茶道组合一起成套制作，成套购买即可，不宜单独购买。

杯垫

养壶笔

养壶笔

用途：形似毛笔，用来刷洗紫砂壶的外壁，也可以用来清理茶盘上的茶渣。

材质：养壶笔笔头上的毛用动物的毛制成，笔杆一般为牛角、木、竹等材质。

使用方法：

（1）用养壶笔蘸取茶汤均匀地涂在壶的外壁，使壶的任何一部分都被茶汤浸润，久而久之，壶的外壁就会被养得油润、光亮。

（2）养壶笔用完要及时清洗，把笔头控干。

（3）有的人也用养壶笔养护茶桌中的茶玩。

选购技巧：质量上乘的养壶笔应是没有异味，笔头的毛不易脱落。

茶巾

用途：主要用于干壶，可将茶壶、茶海底部残留的水擦干；其次用于抹净桌面水滴。

材质：多用纯棉或麻布质地。

使用方法：

（1）茶巾只能擦拭茶具外部，禁止擦拭茶具内部。

（2）茶巾的具体使用方法是：一只手拿着茶具，另一只手的拇指在上，其余四指在下托起茶巾，接着用茶巾轻轻地擦拭茶具上的水渍、茶渍等。

（3）使用茶巾要轻柔，茶艺员或主人在泡茶过程中，将双手轻轻搭在茶巾上，是泡茶礼仪的基本规范之一。

选购技巧：购买时一定要选择吸水性好的棉、麻布茶巾。

茶巾

水盂

水盂

用途：用于盛接弃置茶水。

材质：瓷质、木质、陶质等。

使用方法：由于水盂的容积通常比较小，所以倒水时动作要轻缓，以免废水溢溅到茶桌上；并要及时清理废水。

选购技巧：在没有茶盘、废水桶时，使用水盂来盛接废水和茶渣非常简单方便。当然有茶盘或废水桶的朋友，可以不用再购买水盂。

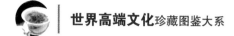

茶宠

用途：用来装点和美化茶盘，深受茶具爱好者青睐。

材质：紫砂材质最为多见。

使用方法：

（1）"滋养茶宠，其乐无穷。"在泡茶、品茶时，用茶汤浇灌、滋养茶宠，可给品茗增添情趣。

（2）紫砂茶宠可以用清水、温水直接清洗，也可以用养壶笔进行辅助清洗。

（3）茶宠要养，也要及时清理，不要让它身着茶垢。

选购技巧：

（1）茶宠造型丰富，可根据个人喜好自由选择。

（2）茶宠的选择，要与茶桌、茶具、环境等相匹配。

（3）紫砂质地的茶宠最受欢迎，因为紫砂茶具越养越润泽、光亮。

茶宠

>> 香茗赏析

——茶品审评

审评绿茶品质的优劣、级别的高低：一是茶叶专门机构采用包括化学方法在内的理化检验；二是借助人的感官来进行，主要通过眼看、手摸、鼻闻、嘴尝的方式进行感官审评。两者各有其优缺点，本章主要就后者进行重点介绍。

一、八因子评茶法

八因子评茶法是一种评定茶叶品质的方法，产生于20世纪60年代，是在商业系统尤其是在外贸系统中推出并实行的。最初的八因子评茶法，审评内容主要是茶叶外形的条索（或颗粒）、整碎、净度、色泽及内质的香气、滋味、叶底色泽和嫩度，之后又改为条索（颗粒）、整碎、净度、色泽、汤色、香气、滋味和叶底。

绿茶

条索

八因子评茶法主要通过采用一些易掌握和运用的技能，并指定审评易区分出差别的因素，进而评定出茶叶的品质优劣。

条索

茶品具有的外形规格称为条索，常见茶品的外形有条形、圆形、扁形、颗粒形等。审评外形的条索主要是看其松紧、弯直、壮瘦、圆扁、匀齐等。

茶叶的松紧如何定义？通常情况下，将条索纤细，空隙小，体积小的定为紧；相反，条索粗大，空隙大，体积较大者定为松。一般以紧结而重实的品质为佳。

茶品的弯直是指将茶叶装入一个干净的盘内筛转，看茶叶的平伏情况，不翘的即可定为直，反之则定为弯。通常情况下，以条索圆浑、紧直为佳。

条索紧瘦

条索紧结

看茶叶的壮瘦，一般用叶形大、叶肉厚、芽粗而长的鲜叶制成的茶，如果条索紧结壮实，身骨重，就定为壮。反之，用叶形小、叶肉薄、芽细稍短的鲜叶制成的茶，如果条索紧瘦，身骨略轻，则可定为细秀，也就是瘦。

茶叶的圆扁主要是就长度比宽度大若干倍的条形茶而言的，其横切面略呈圆形，表面棱角不明显的称为圆，如不具备这些特征则为扁。比如，珠茶要求紧结、细圆；扁形茶要求扁平、挺直、光滑。

茶品的轻重指茶品的身骨轻重，嫩度好的茶，叶肉厚实，条索紧结，一般较为沉重；嫩度差的茶，叶张薄，条粗松，通常较为轻飘。

通常情况下，将茶条粗细、长短、大小相近的定为匀齐。上、中、下三段茶相衔接的定为匀称。匀齐的茶多数精制率高，正由于此名，茶条索多匀齐。

外形完整为佳

整碎

　　茶叶外形的匀整程度即为整碎。很明显，条形以完整为佳，断条、断芽为次；下脚茶碎片、碎末多，精制率低的就更为劣等，下脚茶要看是否为本茶本末。检验方法通常是将 100 克左右的茶叶倒入盘中，双手合盘顺着一定的方向旋转数圈，这样不同形的茶叶在盘中就会分出层次。浮在上面的是粗大而轻飘者，沉在盘底的为细小者，而中段的茶叶比较均匀一致。中段茶越多，说明其匀度越好。

净度

　　毛茶的干净与夹杂程度即为茶品的净度。茶叶夹杂物有茶类夹杂物和非茶类夹杂物之分。

茶类夹杂物

　　茶类夹杂物通常包括茶梗、茶末、茶籽、茶角、茶朴等。

以无杂质为佳

非茶类夹杂物

　　非茶类夹杂物分有意物和无意物两类。无意物指在采摘、制作、存放以及运输过程中无意混入其中的杂物，杂草、树叶、泥沙、石子、竹片等多数属于此类。有意物指有人出于某种目的故意添加的夹杂物，胶质物、滑石粉等多属于此类。

色泽

　　这里的色泽是就干茶而言的。干茶色泽主要从色度和光泽度两方面去看。茶叶的颜色及深浅程度就是色度。茶叶接受外来光线后一部分光线被吸收，一部分光线被反射出来，形成茶叶的色面。茶叶的光泽度就是指茶叶色面的亮暗程度。通常情况下，干茶的光泽度可以从润枯、鲜暗、匀杂等方面去审评。

太平猴魁

润表示茶条似带油光，
如果色面反光强，油润光
滑，则可定为品质好。枯
表示有色而无光泽或光泽
差，是茶叶品质差的表现。
比如，好的红茶乌黑油润；
品质好的绿茶色泽翠绿或
银灰，有光；劣变茶或陈
茶色泽都较为枯暗。

鲜意指色泽鲜艳、鲜
活，给人以新鲜的感觉，
这是新茶所具有的色泽，是
茶叶嫩而新鲜的标志，而
暗则表示茶色深又无光泽。

色泽鲜艳

茶品的匀指茶色调一
致。如果某茶色调不一致，
参差不齐，茶中多黄片、
青条、红梗红叶、焦片焦
边等物，则表明该茶或鲜
叶老嫩不匀，或初制不当，
或存放不当、过久。

色调一致

汤色

茶汤的色泽即为汤色，汤色审评有一个特点，那就是要快，特别是绿茶易氧化变色，其审评更要快。通常情况下，汤色审评主要从色度、亮度、浑浊度三方面来进行。

汤色色度的审查主要是从正常色、劣变色和陈变色三方面进行。正常色是指在正常条件下加工制成的茶，冲泡后呈现的汤色，如红茶红汤，红艳明亮；绿茶绿汤，绿中呈黄；黄茶黄汤；白茶汤黄既浅又淡；黑茶汤浅明橙黄等。

劣变色是指在采摘鲜叶、摊放晾晒或者初加工时处理不当等导致变质，造成汤色不正。

陈变色是指由于茶叶陈化造成的汤色不正，如绿茶的新茶汤色绿而鲜明，陈茶则灰黄或黄褐。

汤色

品评汤色

　　汤色的亮度是指汤色的亮暗程度。通常，茶汤亮度好，一定程度上可说明该茶品质佳；反之，亮度差，则说明品质次。茶汤明亮是指能一眼见底，绿茶看碗底反光强就是明亮，红茶还可看汤面"光圈"（沿碗边的金黄色的圈）的颜色和厚度，如果光圈鲜明且宽，亮度好，则说明其品质佳；反之，如果光圈暗且窄，亮度差，则说明品质差。

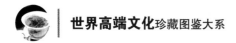

汤色的浑浊度是指汤色的清澈或浑浊程度。汤色纯净透明即为清澈，这种情况下，汤色无混杂，能一眼见底，清澈透明；浊与混或浑含义一致，都是指茶汤不清澈，视线不易透过汤层，难以看见碗底，汤中通常有沉淀物或细小悬浮物。茶叶劣变或陈变产生的酸、馊、霉、陈的茶汤，通常情况下浑浊不清。浑汤中有一种特殊情况，那就是"冷后浑"（或称"乳状现象"），这是咖啡碱和多酚的结合物，它溶于热水，却不溶于冷水，冷后被析出。因此，茶汤冷后所产生的"冷后浑"并非代表品质下乘。

品评汤色

感受香气

香气

　　茶叶的香气是茶叶审评的重要内容。一般茶叶的香气会因茶树品
种、产地、季节、采制方法等不同有所差异，且各有各的特色。即使
是同一个品种，也会因为产地的不同而有不同的香气，这是很正常的。
审评茶叶香气主要比较纯异、高低和长短。

　　"纯"指某茶应具备的香气；"异"也称不纯，指茶香中夹杂
其他气味。纯正的香气主要有三种类型：即茶叶香、地域香（也称
风土香）和附加香气（主要指窨制花茶的香气）。要注意对这三种
香气进行区分。

茶叶香气的高低区分要做到"浓、鲜、清、纯、平、粗"。浓是指香气高长、浓烈,扑鼻有力,刺激性强。鲜指香气清鲜,给人醒神爽快之感。清即给人清爽新鲜之感。纯表示香气纯正,没有杂异气味。平指香气平淡,没有杂异气味。粗表示香气糙鼻,有辛涩感。

茶叶香气的长短指茶叶香气持久的时间长短。茶叶的香气以高长、鲜爽、馥郁为最佳,高而短次之,低而粗则为低劣。

滋味

滋味是审评茶叶的重要内容,是指饮茶后的口感反应。浓淡、强弱、鲜爽、醇和为纯正的滋味。苦、涩、粗、异为不纯正的滋味。

品滋味

滋味鲜爽

　　滋味纯正是正常茶类应具备的品质。滋味浓淡，浓指浸出的内含物质丰富，有较强的刺激性，并富有收敛性；淡则相反，内含物少，味寡淡，但还属正常。

　　滋味强弱，强指茶汤入口苦涩感和刺激性强，吐出茶汤短时间内味感增强；弱与之不同，入口没有那么强的刺激性。

　　滋味鲜爽，鲜是指给人的感觉像吃新鲜水果般爽快；爽指爽口。

　　滋味醇和，醇表示茶味尚浓，回味也爽，但没有那么强的刺激性；和表示茶味淡，刺激性弱，但正常可口。

滋味不纯正表示滋味不正或变质有异味。茶汤入口先感觉微苦然后回甘，口味纯正，这是好茶的表现；但先微苦后不苦也不甜者，这样的茶滋味不够纯正；先微苦后也苦者次之；最差的是先苦后更苦者。后两种味觉反应属苦味，不纯正。

　　滋味涩是指茶汤入口有麻嘴、紧舌的感觉，先有涩感后不涩是茶汤滋味的特点，不属于味涩，而吐出茶汤后仍有涩味的才属涩味。

　　滋味粗是茶汤入口后在舌面感觉粗糙，这一点可结合有无粗老气来判断。

　　滋味异属不正常滋味，主要有霉、馊、烟、焦、酸味等。

绿茶茶汤

品滋味

叶底

叶底

　　叶底是指干茶冲泡时吸水膨胀后的状态。审评叶底主要从嫩度、色泽和匀度三方面来看。在评审叶底嫩度方面，主要以芽与叶的含量比例和叶质老嫩来衡量。通常情况下，粗而长的芽好，反之细而短的芽为差。叶质老嫩可以从软硬度和有无弹性来鉴定：手指压叶底，柔软，放手后不松起的嫩度上乘；硬，有弹性，放手后松起表明其粗老。叶脉隆起、触手的为老，反之不隆起、平滑不触手的为嫩。叶肉厚软为最佳，软薄者次之，硬薄者又次之。

　　看叶底的色泽主要是看其色度和亮度，其含义与干茶色泽相同。拿绿茶来说，绿茶叶底最佳的色泽为嫩绿、黄绿、翠绿明亮；深绿较差；再差的是暗绿带青张或红梗红叶者。

　　叶底匀度主要从老嫩、大小、厚薄、色泽和整碎去看，这些要素都较接近，通常情况下，一致匀称为好，反之则差。

叶底

绿茶审评

二、审评工具

严格的绿茶审评需要一套规格统一的茶具，即审评用具。这样做的主要目的是为了减少茶具因外形不同而造成的客观误差，保证审评结果公平公正。绿茶常用的评茶用具有以下几种：

称量计：称量茶样的计量用具。

审茶匙：舀取茶汤评滋味的用具。

汤杯：作用是盛放热水以放置审茶匙。

茶渣筒：审评时吐茶用，也用来盛放废弃的茶渣。

审评盘：也称为"样茶盘"，主要作用是盛放茶样，便于取样冲泡和审查茶叶外观。盘的一角有一缺口，从这个缺口可倒出茶叶。

审评杯：用于冲泡茶汤和审评茶叶香气。在我国，审评绿毛茶用的审评杯容量一般为200毫升或250毫升。通常，审评杯的杯口上有弧形小缺口。审评人员可将杯子横搁在审评碗上，让茶汤由缺口处流出，而茶叶被阻挡于杯中。

审评碗：通常为一种广口瓷碗，用来盛放茶汤，用于审评茶汤滋味。

计时器：主要用来计量茶叶的冲泡时间。

审评用具

计时器

扁形

三、外形（九种）造型审评

按芽叶本身的形状及加工方式的差异，可将绿茶造型粗略地分为条形、扁形、片形、尖形、针形、珠形、芽形、卷曲形、扎花形九种；通常以形状特征明显、完整、匀齐者为佳，不明显、断碎、不匀整者次。如条形茶叶的形状评审主要查看条索的松紧、折皱、曲直、轻重、芽尖多少和均匀度，通常以条索紧直、重实、芽尖显露为优，反之为差。

条形：指外形呈条索状。代表品种有黄山毛峰、庐山云雾等。

扁形：指形状挺直扁平。代表品种有老竹大方、竹叶青等。

尖形

片形：指外形呈片状，完整平直。代表品种有六安瓜片等。

尖形：指外形条直有锋，自然舒展。代表品种有太平猴魁等。

针形：指外形条索圆直紧细，呈松针形。代表品种有南京雨花茶、信阳毛尖等。

珠形：指外形圆紧，颗粒重实。代表品种有涌溪火青、泉岗辉白等。

芽形：分芽茶和雀舌形两种。代表品种有特级黄山毛峰、金寨翠眉、金山翠芽等。

卷曲形：指外形纤细卷曲。代表品种有都匀毛尖、碧螺春等。

扎花形：外形好像菊花、牡丹。代表品种有黄山绿牡丹、霍山菊花茶等。

碧螺春

绿茶

四、色泽（五种）类型审评

这里所说的绿茶色泽主要是指绿茶干茶的色泽，通常可粗分为翠绿、嫩绿、银绿、苍绿、墨绿五种类型。评比绿茶的色泽，应当兼顾绿茶干茶颜色的匀杂、鲜暗等情况，通常以浓绿或翠绿光润为佳，以黄绿、枯暗、花杂为次。

下面是绿茶干茶色泽的五种类型：

翠绿型：这一类型是多数名优绿茶拥有的色泽类型。比如竹叶青、岳西翠兰等。

嫩绿型：拥有这种色泽的绿茶通常鲜叶嫩度较高。比如蒙顶甘露、华山银毫等。

竹叶青

银绿型：拥有这种色泽的茶叶通常有较多的白毫。比如碧螺春、庐山云雾等。

苍绿型：这类型绿茶绿色程度稍重。如太平猴魁。

墨绿型：拥有这种色泽的茶叶通常在制作过程中细胞破坏率高，比如涌溪火青。

五、香气（五种）类型审评

绿茶的香气有多种类型，通常包括清香、嫩香、毫香、板栗香、花香等。评比绿茶的香气，主要是对茶香的香型、纯杂、高低、强弱、持久度等进行审评。

清香型：拥有这种香型的名优绿茶占据绿茶种类的大多数。

嫩香型：拥有这种香型的茶叶有较高的鲜叶嫩度，制茶技术要求高。

毫香型：通常情况下，白毫越多的鲜叶制作出的茶叶毫香往往越明显。毫香型茶叶要求鲜叶嫩度较高，对茶叶制作过程也有较高要求。

苍绿型

审评绿茶

感受茶香

板栗香型：拥有这种香型的名优绿茶，通常鲜叶嫩度适中，制作时火功也较为饱满。

花香型：拥有这种香型的名优绿茶，其形成与生态环境、茶树品种、制造技术关系紧密。具有花香的名优绿茶大多数产于高山。

需要注意的是，有的茶叶不止具有一种香型，可兼有两种香型。

带有板栗香型茶

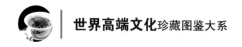
六、叶底（七种）色泽审评

前面已经介绍过评审绿茶叶底主要看叶片嫩度、色泽和匀度三方面。通常情况下，冲泡后芽尖及组织细密而柔软的叶片越多，说明茶叶越细嫩。匀度方面，一般一致匀称为好，反之则差。绿茶叶底色泽主要是看其色度和亮度，如果叶底颜色明亮，质地柔软，表明制茶工艺较完美。下面是绿茶主要的七种色泽。

绿嫩：指叶色翠绿，叶质细嫩。

嫩绿：叶色同苹果绿相似，并有光泽。

青绿：叶底呈墨绿色或保持青绿色。

黄绿：指叶底黄色带绿（即草黄色）。

青张：叶底夹有生青叶片者呈现的颜色。

靛青：指叶底呈蓝绿色。这种色泽是紫芽种鲜叶制成的茶常出现的色泽。

红茎、红梗、红叶：指叶底的茎、梗、叶片变红色，这是绿茶中最次的叶底色泽。

第六章

>> 精挑细选

——优茶选购和储藏

　　要想选购到真正好的绿茶，不但要掌握相关的绿茶知识，如绿茶的品质特点、等级标准，还要熟悉绿茶选购的标准和步骤，以及一些基本的区别鉴定方法。这些知识和技能也是绿茶品鉴的一项重要内容。

选购好茶

绿茶选购

一、选购的标准

要想选购到货真价实、口味醇正的绿茶，通常要注意以下几点。

了解茶叶的原产地

通常情况下，茶叶受其特定地域气候、土壤等自然条件的影响，会形成与众不同的色、香、味、形。也就是说不同的产地会导致茶品质的差异，也致使茶的价格高低悬殊。所以了解茶叶的原产地十分重要。

对比茶叶形状

不同的绿茶品种，形状多有差异。就同等嫩度的同类型绿茶来说，条索紧实、完整的，表明其原料嫩，制作精良，品质优；反之，如果外形松散、扁（扁形茶除外）、碎，则表明其原料老，制作差，品质劣。当然，单凭茶叶的形状尚不能断定茶叶品质的优劣，同时还得兼顾其他特点。

绿茶选购

看色泽

看茶叶色泽

　　茶叶品种不同，色泽也多有差异。同一品种而等级不同的茶叶，颜色也会有所不同，但是无论何种名优绿茶，色泽均要求一致，油润鲜活。若色泽有深有浅，暗而无光，表明原料老嫩不一，制作差，品质劣。

看茶叶净度

看茶叶的净度主要是看茶叶中是否混有茶梗、茶末、茶籽等茶类夹杂物，以及在茶叶加工过程中混入的竹屑、木片等非茶类夹杂物的多少。通常，品质上乘的名优绿茶仅含少量茶类夹杂物，非茶类夹杂物则不允许出现。

看茶叶净度

查茶叶干度

查茶叶干度

这一点也很重要。茶叶一定要足干，以
5%～7%的含水量为宜。如果含水量过高，势
必会对茶叶的色、香、味起到不良影响，而且
还易氧化变质，不利于保管。选购时可取少量
茶叶用手指稍用力捻一下，足干的茶叶易成细
粉末；如果捻不成细粉末，仅为碎茶片，表明
茶叶已受潮，含水量较高，容易变质。

闻茶叶香气

优质绿茶的香气自然而独特，不同品种香气有所不同，一般有清香型、嫩香型、毫香型、板栗香型、花香型等。通常说的"清香"是绿茶最基本的香气，如果含高火香，那说明鲜叶加工过程中添加了人造香气。选购时可抓起一把茶叶放于鼻端，用力深吸一下，这样做的目的：一是辨别香气是否纯正，二是辨别香气的高低。通常，香气高而清，纯而锐者，可断定为上品；反之，香气低而浊，钝而杂，有的还混有青草、烟焦气味者，则可断定为次品。

选购茶地点

一般来说，知名度高、信誉佳的茶叶专营公司不会卖仿冒品，因此选购名优绿茶尽量要去这类地方。另外，这类专营公司一般拥有专业的服务人员，配备专业、先进的茶叶检测及贮存设施，方便进行检测鉴定。

绿茶选购

二、选购的步骤

通常情况下，选购绿茶可通过望、闻、问、沏四个步骤来进行。

望：就是对茶叶的外形进行细致观察。一般来说，品质优良的茶叶外形匀齐完整，色泽明亮；质差者外形残碎，色泽枯暗，有较多的混杂物，如叶梗、草籽等。若芽头多，锋苗锐利，色泽鲜亮，则说明是细嫩的茶叶；若叶脉隆起，较疏松，色泽暗淡，则可能是粗老的茶叶。

闻：就是闻茶叶的香气。好茶一般都香气醇正、清新。口嚼或冲泡，发甜香为上品。

问：就是咨询茶叶的相关情况。比如茶的原产地、加工工艺、品质特征等。实际上，这些知识顾客应该在购买之前就有所了解，这样可在购买时对比商家所说是不是实情，同时让商家觉得顾客是茶叶内行，降低被不良商家欺骗的概率。

沏：就是现场冲泡品饮茶的滋味。品质优良的绿茶，汤色多碧绿明澄。饮后如果感觉茶汤先苦涩后浓香甘醇，则可进一步断定其品质优质。

三、区分春茶、夏茶、秋茶

根据采摘时间的不同，绿茶可分为春茶、夏茶、秋茶、冬茶。一般来说，采摘时间不同，其品质也会有所不同。普通人选用春茶、夏茶、秋茶饮用的多，选用冬茶者较少。

春茶

秋茶

从外观看，春茶干茶芽叶壮实饱满，色泽墨绿，光亮润泽，条索厚重紧结，有较多的白毫；茶汤香气浓郁，味道浓郁甘醇、清新爽口，叶底软亮。春茶中最好的是单芽头茶，通常芽头叶片越多品质越低。相对于春茶，夏茶干茶条索相对粗松，色泽不纯，芽叶木质分明，茶汤有涩感，叶底质硬，叶脉明显，有时混有铜绿色叶片，品质较次。

从外观看，秋茶干茶条索紧细，轻薄，色绿，茶汤颜色也较为清淡，叶底柔软，滋味平和略微有甜感，香气寡淡，品质属于中等。

四、区分新茶和陈茶

　　区分新茶和陈茶是绿茶选购的一项重要标准。新茶指当年采制的茶叶，陈茶指去年或者前年甚至更早采制的茶叶。由于茶叶在存储过程中不免受到水分、氧气、光线等多种因素的影响，会产生自动氧化，因而茶叶色、香、味都发生改变，品质大受影响，所以购买饮用以新茶为佳。

陈茶

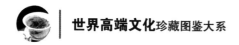

　　从外观看，新茶鲜绿有光泽，茶香较为浓郁；冲泡后茶汤绿润，叶底鲜亮，有清香、兰花香、熟板栗香等香气飘出，品饮后可感觉甘醇爽口。而陈茶外观色黄且暗淡无光，香气寡淡；冲泡后茶汤色泽深黄，味道虽然醇厚，但缺乏爽口的感觉，叶底偏黄灰暗，不够明亮。

新茶

高级绿茶

五、区分高级茶和低级茶

简单来说，高级茶即细嫩茶叶，低级茶即粗老茶叶。高
级茶和低级茶二者的营养成分含量不同，功效也有差别。通
常情况下，茶叶所含的一些与人体健康有紧密关系的成分，
如茶多酚、氨基酸、咖啡碱以及磷、钾等矿物质元素，高级
茶的含量要高于低级茶叶的含量。

高级绿茶

就保健功效来说，高级茶叶要好过低级茶，但从药理功效上看，这种关系却又不是绝对的。比如低级茶含氟量要高于高级茶，且价格便宜。所以究竟选用何种茶，要根据实际情况而定。

六、家庭贮存和专业储藏

（一）家庭贮存

由于受条件的限制，家庭贮存绿茶无法跟专业储藏相比，通常可采用下列方法贮存。

用金属罐贮存

贮存绿茶的金属罐可以是铁罐，也可以是锡罐，最好是厚实的不锈钢罐。方法是：先将少量茶叶放进罐中，然后摇动此罐，利用茶叶将罐中的异味去除，等没有异味后，再将事先用塑料袋装好的茶叶放进罐中，放好后盖上盖子，用胶带封好口。需要注意的是，不要将贮存茶叶的茶罐放到阳光直射或者潮湿的地方，要放在干燥阴凉处。

锡茶叶罐

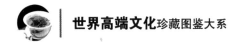

塑料袋、铝箔袋贮存

贮存绿茶的塑料袋最好用材料厚实、有封口、密度高、没有异味的食用塑料袋。将茶叶放入准备好的塑料袋后，要将袋中空气尽量排出，最好再用一个塑料袋反向套一层，这样密封更加严实。要避免阳光直射。

另外，尽量将茶叶分小袋包装贮存，饮用时分次取出，这样可减少密封的茶叶与外界空气的接触机会。

利用铝箔袋贮存与用塑料袋贮存方法类似，可参照塑料袋贮存方法进行。

铝箔袋

内胆

热水胆贮存

用热水胆贮存绿茶。方法是：先将热水胆中的水倒尽，等水痕干后，将茶叶放入，尽量装满，然后塞上瓶塞。如果不经常取用，瓶口可用蜡封好，以延长贮存茶叶的保鲜时间。

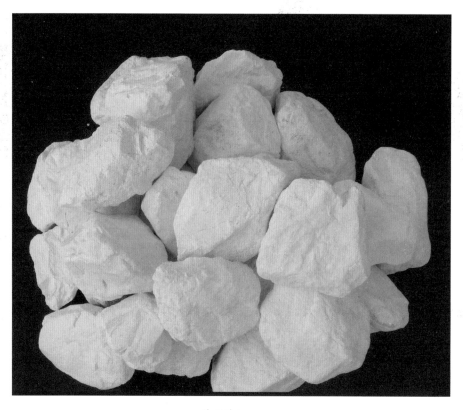

生石灰

（二）专业储藏

绿茶的专业储藏与家庭贮存不同，通常采用下列三种方法储藏。

石灰储藏

方法是：先将绿茶装进棉质口袋，再用牛皮纸袋套上，然后将一两个装有生石灰的小布袋和绿茶袋一起放进坛子里密封好，尽可能防止外界的空气渗入坛子。

生石灰可以吸收茶叶和空气中的水分，使茶叶保持干燥。隔一段时间应检查一下生石灰的情况，如发现生石灰潮解，就要及时更换石灰袋。石灰储藏法对于储藏高级绿茶很适用。

木炭

木炭储藏

木炭储藏和石灰储藏方法类似。不同的是将石灰换成木炭，用瓦罐或者小铁皮罐装茶和木炭。

冷藏储藏

用这种方法储藏，需要先将绿茶进一步烘干，然后将其装入镀铝的袋子，热封口，将袋子里的空气抽出，然后充入氮气，再将袋子装进箱子里放入冷藏库储藏。

相对来说，这种储藏绿茶的方法是目前最好的，优点是储藏量大，时间长，可以保鲜茶叶1年以上，但需要很高的技术和硬件设施。

冷藏储藏

《绿 茶》
（修订典藏版）
编委会

● 总 策 划

王丙杰　贾振明

● 编 委 会（排序不分先后）

玮 珏　苏 易　孟俊炜

杨欣怡　叶宇轩　陆晓芸

姜 宁　鲁小闲　白若雯

● 版式设计

文贤阁

● 图片提供

贾 辉 李 茂

http://www.nipic.com

http://www.huitu.com

http://www.microfotos.com